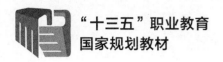
"十三五"职业教育
国家规划教材

HUAWEI
ICT
Academy

华为"1+X"职业技能
等级证书配套系列教材

U0267649

智能计算平台

应用开发 初级

华为技术有限公司 | 编著

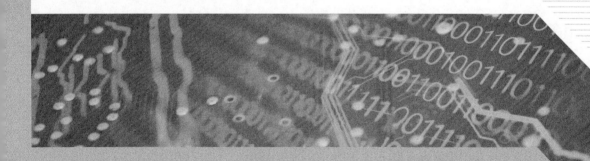

Application Development of Intelligent
Computing Platform (Junior Level)

人民邮电出版社
北　京

图书在版编目（CIP）数据

智能计算平台应用开发 ：初级 / 华为技术有限公司
编著. -- 北京 ：人民邮电出版社，2020.8（2023.7重印）
华为"1+X"职业技能等级证书配套系列教材
ISBN 978-7-115-53897-0

Ⅰ．①智… Ⅱ．①华… Ⅲ．①人工智能－应用程序－
程序设计－教材 Ⅳ．①TP18

中国版本图书馆CIP数据核字(2020)第070920号

内 容 提 要

　　本书是智能计算平台应用开发初级教材，主要介绍了智能计算平台搭建、平台管理、数据管理、应用开发等相关知识。全书共 8 章，内容包括智能计算平台应用开发概述、硬件设备、系统与软件、系统管理、数据采集、数据存储、基础应用软件开发测试、人工智能示教编程。

　　本书可用于"1+X"证书制度试点工作中的智能计算平台应用开发职业技能等级证书教学和培训，也适合作为应用型本科、职业院校、技师院校的教材，同时也适合作为从事智能计算平台应用开发的技术人员的参考用书。

◆ 编　　著　华为技术有限公司
　　责任编辑　左仲海
　　责任印制　王　郁　马振武
◆ 人民邮电出版社出版发行　　北京市丰台区成寿寺路 11 号
　　邮编　100164　　电子邮件　315@ptpress.com.cn
　　网址　https://www.ptpress.com.cn
　　固安县铭成印刷有限公司印刷
◆ 开本：787×1092　1/16
　　印张：13.5　　　　　　　　2020 年 8 月第 1 版
　　字数：262 千字　　　　　　2023 年 7 月河北第 3 次印刷

定价：49.80 元

读者服务热线：(010)81055256　印装质量热线：(010)81055316
反盗版热线：(010)81055315
广告经营许可证：京东市监广登字 20170147 号

华为"1+X"职业技能等级证书配套系列教材

编写委员会

编委会主任: 马晓明 深圳职业技术学院

编委会副主任: 冯宝帅 华为技术有限公司

编委会顾问委员（按姓名笔画排序）：

杨欣斌 深圳职业技术学院

武马群 北京信息职业技术学院

周桂瑾 无锡职业技术学院

祝玉华 黄河水利职业技术学院

聂 强 重庆电子工程职业学院

编委会委员（按姓名笔画排序）：

王 翔 华为技术有限公司

王隆杰 深圳职业技术学院

叶礼兵 深圳职业技术学院

李 岩 深圳职业技术学院

李俊平 深圳职业技术学院

张 驰 华为技术有限公司

张 健 深圳职业技术学院

胡光永 南京工业职业技术学院

袁长龙 华为技术有限公司

陶亚雄 重庆电子工程职业学院

黄君羡 广东交通职业技术学院

梁广民 深圳职业技术学院

税绍兰 华为技术有限公司

前言 PREFACE

党的"二十大"指出"必须坚持科技是第一生产力、人才是第一资源、创新是第一动力，深入实施科教兴国战略、人才强国战略、创新驱动发展战略，开辟发展新领域新赛道，不断塑造发展新动能新优势"，同时也指出了"健全终身职业技能培训制度，推动解决结构性就业矛盾"。"1+X"证书制度是《国家职业教育改革实施方案》确定的一项重要改革举措，是职业教育领域的一项重要制度设计创新。面向职业院校和应用型本科院校开展"1+X"证书制度试点工作是落实《国家职业教育改革实施方案》的重要内容之一，为了使智能计算平台应用开发职业技能等级标准顺利推进，帮助学生通过智能计算平台应用开发职业技能等级认证考试，华为技术有限公司组织编写了智能计算平台应用开发（初级、中级和高级）教材，整套教材的编写遵循智能计算平台开发与应用的专业人才职业素养养成和专业技能积累规律，将职业能力、职业素养和工匠精神融入教材设计思路。

作为全球领先的 ICT（信息与通信）基础设施和智能终端提供商，华为技术有限公司的产品已经涉及数通、安全、无线、存储、云计算、智能计算和人工智能等诸多方面。本书以教育部智能计算平台应用开发职业技能等级标准（初级）为编写依据，以华为智能计算设备（ARM 服务器、人工智能服务器）为平台，以智能计算平台应用开发实验项目为依托，从行业的实际需求出发组织全部内容。本书的特色如下。

（1）在编写思路上，遵循智能计算技能人才的成长规律，智能计算知识传授、智能计算技能积累和职业素养增强并重，通过从智能计算技术理论阐述到应用场景分析再到实验项目设计和实施的完整过程，使读者既能充分准备"1+X"证书考试，又能积累动手经验，最后达到学习知识和培养能力的目的，为适应未来的工作岗位奠定坚实的基础。

（2）在目标设计上，以"1+X"证书考试和企业智能计算实际需求为向导，以培养学生的硬件平台配置搭建能力、对智能计算软件的安装配置能力、分析和解决问题的能力以及创新能力为目标，讲求实用。

（3）在内容选取上，以智能计算平台应用开发职业技能等级标准为编写依据，坚持集先进性、科学性和实用性为一体，尽可能覆盖最新和最实用的智能计算技术。

（4）在内容编排上，充分融合课程思政理念，注重理论知识讲解的同时，结合真实工作场景和现场案例来助力学生形成积极的职业目标，培养良好的职业素养，树立正确的道德观和价值观，最终实现育人和育才并行的教学目标。

【微课视频】

（5）在内容表现形式上，首先用最简单和最精炼的描述讲解智能计算技术理论知识，然后通过详尽的实验手册，分层、分步骤地讲解智能计算技术，结合实际操作帮助读者巩固和深化所学的智能计算技术原理，并且对实验结果和现象加以汇总和注释。

本书作为教学用书的参考学时为 32~48 学时，各章的参考学时如下。

章名	参考学时
第 1 章 智能计算平台应用开发概述	1~2
第 2 章 硬件设备	6~8
第 3 章 系统与软件	2~4
第 4 章 系统管理	4~6
第 5 章 数据采集	4~6
第 6 章 数据存储	6~8
第 7 章 基础应用软件开发测试	4~6
第 8 章 人工智能示教编程	4~6
课程考评	1~2
学时总计	32~48

本书由华为技术有限公司组织编写，深圳职业技术学院李岩撰写了本书的具体内容，华为技术有限公司税绍兰、朱盈颖、朱媛媛、马德良为本书的编写提供了技术支持，并审校全书。

由于编者水平和经验有限，书中不妥及疏漏之处在所难免，恳请读者批评指正。读者可登录人邮教育社区（www.ryjiaoyu.com）下载本书相关资源。

编者
2022 年 11 月

目录 CONTENTS

第 4 章

系统管理 ·· 61

第 5 章

数据采集 ·· 82

第1章
智能计算平台应用开发概述

　　"二十大"报告指出"推动战略性新兴产业融合集群发展，构建新一代信息技术、人工智能、生物技术、新能源、新材料、高端装备、绿色环保等一批新的增长引擎"。智能计算平台应用开发职业技能初级部分的知识点涵盖了各企业人工智能相关部门岗位所需，包括智能计算平台搭建、平台管理、数据管理和应用开发等。本章主要介绍智能计算平台应用开发职业技能初级、中级、高级这3个级别对应的内容架构，以及初级所需掌握的技能点。

【学习目标】

① 了解智能计算平台应用开发职业技能初级、中级、高级这3个级别对应的知识水平。

② 了解智能计算平台应用开发职业技能初级、中级、高级这3个级别对应的工作岗位。

③ 熟悉智能计算平台应用开发职业技能初级部分所需掌握的技能点。

【素质目标】

① 培养学生良好的学习习惯。

② 培养学生认真的学习态度。

③ 促进学生职业素养的养成。

1.1　智能计算平台应用开发技能点简介

【微课视频】

　　智能计算平台应用开发职业技能分为3个等级，即初级、中级和高级。这3个级别依次递进，高级别涵盖低级别职业技能要求。

1.1.1　初级

智能计算平台应用开发（初级）所需的技能结构如图1-1所示。

通过图1-1可以发现，智能计算平台应用开发（初级）的主要职责是根据业务配置要求，完成智能计算软硬件平台和开发环境的部署，以及开发平台的日常管理和基础应用功能开发测试等工作任务。

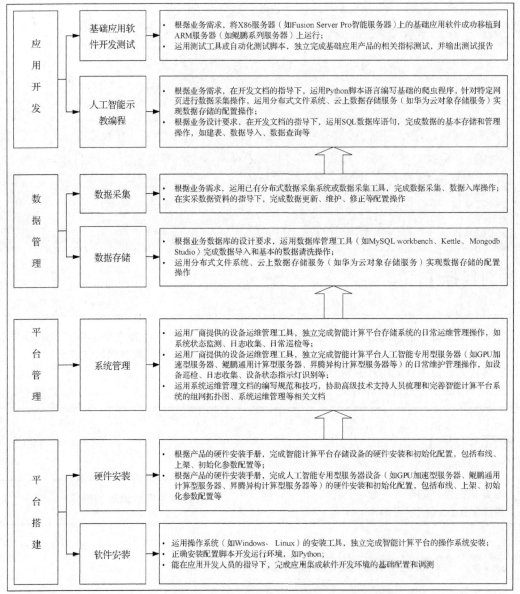

图 1-1　智能计算平台应用开发（初级）技能结构图

1.1.2　中级

智能计算平台应用开发（中级）所需的技能结构图如图 1-2 所示。

通过图 1-2 可以发现，智能计算平台应用开发（中级）的主要职责是根据业务管理的要求，完成线下集成开发环境的部署、管理，以及数据的基础处理、人工智能初级应用产品开发测试等工作任务。

图 1-2 智能计算平台应用开发（中级）技能结构图

1.1.3 高级

智能计算平台应用开发（高级）所需的技能结构图如图 1-3 所示。

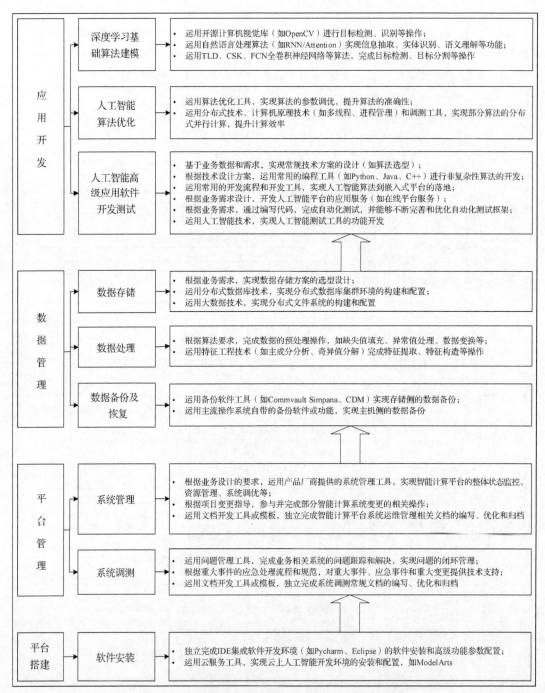

图 1-3 智能计算平台应用开发（高级）技能结构图

通过图 1-3 可以发现，智能计算平台应用开发（高级）的技能是初级和中级的进阶，主要职责是根据业务的需求，完成云集成开发环境的部署、管理和系统调测，以及数据的高级处理、人工智能算法优化与高级应用产品的开发测试等工作任务。

1.2　智能计算平台应用开发的初级知识点概要

智能计算平台应用开发的初级知识点主要涉及平台搭建、平台管理、数据管理和应用开发 4 个方面。

【微课视频】

1.2.1　平台搭建

智能计算平台应用开发（初级）的平台搭建包括硬件设备、系统与软件两部分。

1．硬件设备

硬件设备包括存储设备、服务器、综合布线与设备上架 3 部分内容。有关这 3 部分的主要知识点如下。

（1）存储设备：常用存储协议简介包括 SCSI/iSCSI、SAS、FC/FCoE、PCIe、IB、CIFS/NFS 等；存储组网技术简介包括 SAN、NAS、DAS 等；存储可靠性技术简介包括 RAID、主机多路径技术等。

（2）服务器：服务器简介，包括服务器定义、服务器发展史、服务器的常用部件；常见的服务器，包括塔式服务器、机架式服务器、刀片式服务器。

（3）综合布线与设备上架：综合布线标准，包括综合布线国内标准、综合布线国际标准；综合布线系统的主要部件，包括网络设备、电气设备；设备上架，包括综合布线系统工程中安装设备的基本要求。

2．系统与软件

系统与软件包括操作系统、脚本开发环境 Python、其他依赖 3 部分内容。有关这 3 部分的主要知识点如下。

（1）操作系统：Windows 操作系统，包括 Windows 操作系统发展史、主流的 Windows 个人操作系统、主流的 Windows 服务器操作系统；Linux 操作系统，包括 Linux 操作系统发展历史、目前的主流发行版本和各个发行版本的应用领域以及华为 EulerOS 操作系统的简介。

（2）脚本开发环境 Python：Python 的发展史、Python 语言的特性、Python 的应用领域，包括 Web 开发、大数据处理、人工智能、自动化运维开发、云计算、爬虫、游戏开发。

（3）其他依赖：JDK，包括 JDK 的简介、开发工具；MySQL，包括 MySQL 的简介、特点及其应用场景；GaussDB，包括 GaussDB 的简介与特点；MongoDB，包括 MongoDB 的简介、特点及其应用场景；Kettle，包括 Kettle 的简介、特点及其应用场景；Nginx，包括 Nginx 的简介、特点及其应用场景。

1.2.2　平台管理

智能计算平台应用开发（初级）的平台管理主要是系统管理，包括系统和设备管理和系统运维管理文档两部分内容。其主要知识点如下。

（1）系统和设备管理：状态监测和识别，包括设备状态指示灯、系统状态；设备巡检，包括外部设备巡检、服务器巡检、网络设备巡检；系统巡检，包括操作系统检查、性能巡检、安全巡检；日志收集，包括设备日志获得与查看、系统日志获得与查看、日志分析。

（2）系统运维管理文档：组网拓扑图，包括常见的网络拓扑结构、网络拓扑图使用的工具；系统运维文档，包括维护手册编制目的、维护手册主要内容与维护手册的编制要求。

1.2.3　数据管理

智能计算平台应用开发（初级）的数据管理包括数据采集和数据存储 2 部分内容。

1. 数据采集

数据采集主要包括数据采集简介、数据运维 2 部分内容。其主要知识点如下。

（1）数据采集简介：数据采集基本内容，包括数据采集的定义、数据采集的作用、常见的数据来源、数据采集系统的结构；常用的数据采集工具，包括 Sqoop、Flume、Scibe、Chukwa、Logstash 5 种数据采集工具的概述、架构、特点、应用场景、环境要求；数据采集流程，包括 Flume 实时数据采集流程、基于 Sqoop 的 Loader 批量数据采集流程。

（2）数据运维：数据更新，包括全量导入和增量导入；数据维护与修正，包括数据维护与修正的原因和检查项。

2. 数据存储

数据存储主要包括分布式文件系统、云数据存储服务配置、数据库和数据库可视化工具使用 4 部分内容。其主要知识点如下。

（1）分布式文件系统：文件系统简介，包括文件系统的概念、元数据的概念、数据块的概念以及文件系统的作用；分布式与文件系统，包括分布式的含义、优点、挑战，分布式文件系统的概念、基本架构；常见分布式文件系统，包括 GFS、HDFS、FastDFS。

（2）云存储配置：云存储简介，包括云数据存储服务的来源、特性、概念、结构模型、特点；存储方式，包括文件存储、块存储和对象存储；华为云服务的应用，包括云硬盘、弹性文件服务、对象存储服务。

（3）数据库：数据库系统基础，包括数据的定义、数据库的概念、数据库的特点；关系型数据库，包括关系型的数据库概念，常见的关系型数据库；NoSQL 数据库，包括 NoSQL 数据库概念、NoSQL 数据库使用场景、常见的 NoSQL 数据库类型、常见的 NoSQL 数据库、NoSQL 数据库与关系型数据库的区别。

（4）数据库可视化工具使用：MySQL Workbench，包括 MySQL Workbench 简介，以及 SQL 开发、数据建模、服务器管理、MySQL Utilities 等功能；Studio 3T，包括 Studio 3T 简介，以及 Visual Query Builder、IntelliShell、Aggregation Editor、Map-Reduce、SQL 查询、展开数据库并显示文档及呈现数据、数据导入及导出、创建用户及角色、Schema、Compare、Server Status Chart 等功能；Kettle，包括数据库连接、数据库查询、检查表是否存在、表输入、表输出、插入/更新、更新、数据同步、MongoDB Input、MongoDB Output、调用 DB 存储过程、MySQL 批量加载、SQL 文件输出等功能。

1.2.4　应用开发

智能计算平台应用开发（初级）的应用开发包括基础应用软件开发测试和人工智能示教编程 2 部分内容。

1．基础应用软件开发测试

基础应用软件开发测试包括应用软件移植和产品测试 2 部分内容。其主要知识点如下。

（1）应用软件移植：不同架构对于应用的影响，包括 CISC 和 RISC 架构、X86 架构与 ARM 架构的区别、ARM 的优势、ARM 服务器；移植操作流程，包括软件移植原理和软件移植的过程；移植工具，包括华为鲲鹏系列的分析扫描工具、代码迁移工具、性能优化工具。

（2）软件测试：软件测试简介，包括软件测试的定义、目的、分类、流程、内容；常用测试工具，包括性能测试工具和自动化测试工具；测试报告，包括测试报告的简介和测试报告的组成。

2．人工智能示教编程

人工智能示教编程主要包括爬虫简介、爬虫流程、爬虫框架 3 部分内容。其主要知识点如下。

（1）爬虫简介：爬虫概念，包括通用网络爬虫、聚焦网络爬虫、增量式网络爬虫、深层网络爬虫；应用领域，包括网站安全、搜索引擎、采集网络数据用于数据分析、舆情监测、聚合应用；常用爬虫工具库，包括 urllib、Requests、urllib3、Scrapy、lxml、Beautiful Soup 4

等 6 个 Python 库的相关介绍。

（2）爬虫流程；网址分析，包括协议、主机名、主机资源的具体地址；请求与响应，包括 urllib、Requests、urllib3 等函数；网页解析，包括使用 Chrome 开发者工具查看网页、使用正则表达式解析网页、使用 XPath 解析网页、使用 Beautiful Soup 库解析网页；数据入库，包括将数据存储为 JSON 文件、将数据存储入 MySQL 数据库、将数据存储入 MongoDB 数据库 3 部分。

（3）爬虫框架：包括 Scrapy、Crawley、Portia、PySpider 4 种爬虫框架。

1.3 小结

本章主要介绍了智能计算平台应用开发 3 个级别的岗位职责，并以技能结构图的形式展现了 3 个级别的技能倾向。接着，详细介绍了智能计算平台应用开发（初级）相关的知识点，包括平台搭建、平台管理、数据管理、应用开发 4 部分。

1.4 习题

（1）下面关于智能计算平台应用开发（初级）的说法错误的是（　　）。

　　A．智能计算平台应用开发（初级）偏向智能计算软硬件平台和开发环境部署

　　B．智能计算平台应用开发（初级）涉及开发平台的日常管理和基础应用功能开发测试

　　C．智能计算平台应用开发（初级）包含了机器学习的相关内容

　　D．智能计算平台应用开发（初级）是中级与高级的基础

（2）下面关于智能计算平台应用开发（中级）的说法错误的是（　　）。

　　A．智能计算平台应用开发（中级）偏向线下集成开发环境的部署、管理，以及数据的基础处理、人工智能初级应用产品的开发测试

　　B．智能计算平台应用开发（中级）未涉及数据的采集、存储、处理、备份

　　C．智能计算平台应用开发（中级）包含机器学习的相关内容

　　D．智能计算平台应用开发（中级）是初级的进阶

（3）下面关于智能计算平台应用开发（高级）的说法错误的是（　　）。

　　A．智能计算平台应用开发（高级）的主要职责是完成云集成开发环境的部署、管理和系统调测，数据的高级处理，人工智能算法优化与高级应用产品的开发测试

　　B．智能计算平台应用开发（高级）不涉及软件安装与配置

    C. 智能计算平台应用开发（高级）包含深度学习的相关内容

    D. 智能计算平台应用开发（高级）是初级与中级的进阶

（4）下面不属于智能计算平台应用开发（初级）平台搭建部分知识点的是（   ）。

    A. 网络设备   B. 服务器

    C. 操作系统   D. 机器学习框架

（5）下面不属于智能计算平台应用开发（初级）数据管理部分知识点的是（   ）。

    A. 数据采集常用工具   B. 分布式文件系统

    C. 数据处理   D. 数据库可视化工具的使用

第 2 章
硬件设备

02

智能计算平台的飞速发展，离不开硬件的支持。硬件是保证软件能够更快、更稳定运行的基础，搭建好稳定的硬件环境，是后续软件开发与运行的基石。"二十大"报告指出要"加快实现高水平科技自立自强"。本章主要介绍硬件环境中的常用存储协议与存储技术、常见的服务器，以及综合布线与设备上架等内容。

【学习目标】

① 了解存储设备与常用存储协议。
② 了解存储组网技术与可靠性技术。
③ 了解服务器的发展与常见的服务器。

④ 了解综合布线的标准和相关设备。
⑤ 掌握设备上架的基本要求。

【素质目标】

① 培养学生严谨的工作态度。
② 调动学生的自主思维能力。

③ 培养学生的综合职业技能。

2.1 存储设备

本节介绍的主要是数据中心使用的存储设备，包括存储硬件系统、软件系统、存储网络和存储解决方案。服务器通过存储网络才能访问存储在硬件系统中的数据，存储软件系统提供对存储在硬件系统中的数据的管理功能。将多种存储硬件和软件组合起来形成的解决方案可以满足用户较高的数据管理需求。

2.1.1 常用存储协议简介

在存储系统中，目前普遍使用的存储协议为 SCSI、SAS 和 FC 等，每种存储协议各自拥有不同的技术规范，具备不同的传输速度，存取效能存在差异，所适用的实

际应用场景和目标市场也各不相同。同时，各存储协议处于的技术生命阶段也各不相同，有
些已经没落并面临淘汰，有些则有较好的前景，但发展尚未成熟。

1. SCSI/iSCSI

SCSI 是小型计算机系统接口（Small Computer System Interface）的简称，于 1979 年被
首次提出，是为小型机研制的一种接口技术，现已被完全普及到小型机、高低端服务器和普
通 PC 上。SCSI 的逻辑拓扑如图 2-1 所示。

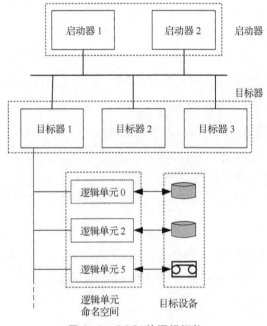

图 2-1　SCSI 的逻辑拓扑

SCSI 可以划分为 SCSI-1、SCSI-2 和 SCSI-3 这 3 个版本，最新版本为 SCSI-3，也是目
前应用较为广泛的 SCSI 版本。各个版本的具体介绍如下。

（1）SCSI-1：1986 年正式被批准成为第一个 SCSI 标准，支持同步和异步 SCSI 外围设
备，支持 7 台 8 位的外围设备，最大数据传输速度为 5MB/s。

（2）SCSI-2：1994 年正式成为官方标准，早期的 SCSI-2 被称为 Fast SCSI，其当时数据
传输速度为 10MB/s，后期发展成为 Wide SCSI 之后速度达到 20MB/s。

（3）SCSI-3：1993 年开始进行定制，SCSI-3 也被称为 Ultra SCSI。1997 年，Ultra 2 SCSI
发布，最大传输速度可达 80MB/s；1998 年 9 月，Ultra 3 SCSI 正式发布，最大数据传输速度
为 160MB/s；发展至今，SCSI-3 的最大同步传输速度可达 640MB/s。

互联网小型计算机系统接口（Internet Small Computer System Interface，iSCSI）是一种
在 TCP/IP 上进行数据块传输的标准，由 Cisco 和 IBM 两家公司联合发起，并且得到了各大
存储厂商的大力支持。iSCSI 可以实现在 IP 网络上运行 SCSI 协议，在高速吉比特以太网上

进行快速的数据存取备份操作。

iSCSI 标准在 2003 年 2 月 11 日由互联网工程任务组（The Internet Engineering Task Force，IETF）认证通过。iSCSI 继承了 SCSI 和 TCP/IP 两大传统技术的特点，这为 iSCSI 的发展奠定了坚实的基础。基于 iSCSI 的存储系统可用较少的投资，甚至直接利用现有的 TCP/IP 网络实现 SAN 存储功能。相较于以往的网络存储技术，iSCSI 解决了开放性、容量、传输速度、兼容性、安全性等问题，性能的优越性使其备受关注与青睐。

iSCSI 工作流程：在 iSCSI 系统中，由 SCSI 适配器发送一个 SCSI 命令，封装该命令到 TCP/IP 包中并送入以太网络；接收方从 TCP/IP 包中抽取 SCSI 命令并执行相关操作，将返回的 SCSI 命令和数据封装到 TCP/IP 包中，再将它们发回到发送方；收到返回的 TCP/IP 包后，系统从中提取出数据或命令，将数据或命令传回 SCSI 子系统中。

iSCSI 安全性描述：iSCSI 协议本身提供 QoS 与安全特性，可以限制启动器仅向目标器列表中的目标发送登录请求，目标确认并返回响应后，才允许通信。此外，iSCSI 协议还能够通过 IPSec 协议包对数据包进行加密传输，以保证数据的完整性、确定性和机密性。

iSCSI 的优势有以下 5 点。

（1）广泛分布的以太网为 iSCSI 的部署提供了基础。

（2）吉比特/十吉比特以太网的普及为 iSCSI 提供了更大的运行带宽。

（3）以太网知识的普及为基于 iSCSI 技术的存储技术提供了大量的管理人才。

（4）基于 TCP/IP 网络，能够解决数据远程复制（Data Replication）和灾难恢复（Disaster Recover）等传输距离上的难题。

（5）以太网设备的价格优势、TCP/IP 网络的开放性和管理的便利性，使得设备扩充和应用调整的成本较小。

2. SAS

串行连接 SCSI（Serial Attached SCSI，SAS）是一种计算机集线的技术，是为周边零件（如硬盘、CD-ROM 等设备）的数据传输而设计的技术。在企业级存储系统中，SAS 已经取代了 SCSI 和 SATA（序列式 ATA）接口。SAS 由并行 SCSI 物理存储接口演化而来，是 INCITS T10 技术委员会开发与维护的新存储接口标准，INCITS（国际信息技术标准委员会）受到 ANSI（美国国家标准学会）的官方认可。与并行方式相比，序列方式能提供更快的通信传输速度和更简易的配置。另外，SAS 与序列式 ATA（SATA）设备兼容，两者可以使用类似的电缆。SAS 协议的层次结构如图 2-2 所示。

3. FC/FCoE

光纤通道（Fiber Channel，FC）用于服务器共享存储设备的连接，以及存储控制器和驱动器之间的内部连接。FC 是一种高性能的串行连接标准，其接口传输速率有 4Gbit/s、8Gbit/s、16Gbit/s 或更高，传输介质可以选择铜缆或光纤，传输距离远，支持多种互连拓扑结构。FC

协议结构如图 2-3 所示。

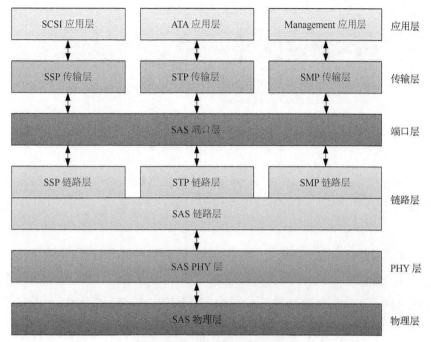

图 2-2　SAS 协议的层次结构

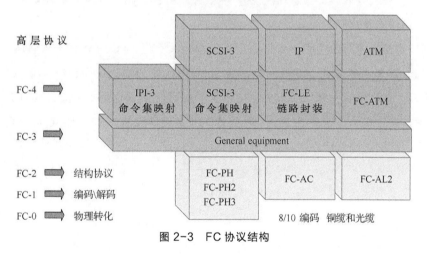

图 2-3　FC 协议结构

FC 协议具有高带宽、高可靠性、高稳定性、低延迟和抵抗电磁干扰等优点，能够提供非常稳定可靠的光纤连接，容易构建大型的数据传输和通信网络，目前支持 1x、2x、4x 和 8x 的带宽连接速率，目前，随着技术的不断发展，该带宽还在不断进行扩展，以满足更高带宽数据传输的技术性能要求。

以太网光纤通道（Fiber Channel over Ethernet，FCoE）可以提供标准的光纤通道原有服务，如发现、全局名称命名、分区等，而且这些服务都可以按照原有的标准运作，保有 FC 原有的低延迟性和高性能。FCoE 协议的结构图如图 2-4 所示。

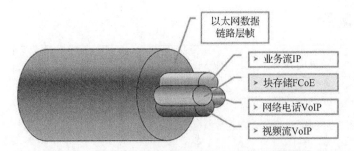

备注：VoIP（Voice over IP）是一种在以太网上传输音频和视频的方法

图 2-4　FCoE 协议结构图

　　从 FC 协议的角度来看，FCoE 将 FC 承载在一种新型的链路（即以太网二层链路）上。需要注意的是，这个以太网必须是增强型无损以太网，才能满足 FC 协议对链路层的传输要求。

　　关于 FCoE，需要注意以下方面。

　　（1）协议标准组织：2008 年提交 ANSI T11 委员会进行审批，需要与 IEEE 密切配合。

　　（2）协议目标：FCoE 希望利用以太网的拓展性，同时保留光纤通道在高可靠性和高效率方面的优势。

　　（3）其他挑战：FC 与以太网相结合，需要克服丢包、路径冗余和故障切换、帧分段与重组、无阻塞传输等方面的问题。

　　（4）FC 固有的兼容性差和不支持远距离传输两大问题，FCoE 同样无法解决。

　　FC 与 FCoE 的区别如图 2-5 所示。FCoE 保留了 FC-2 及以上的协议栈，将 FC 中的 FC-0 和 FC-1 用以太网的链路层取代。FC 的 FC-0 的作用是定义承载介质类型，FC-1 的作用是定义帧编解码方式，这两层是在 FC SAN 网络传输时需要定义的方式，而 FCoE 运行在以太网中，不需要这两层，而是用以太网的链路层取代这两层进行处理。

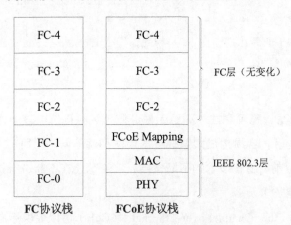

图 2-5　FC 与 FCoE 的区别

FCoE 的价值在于，在同样的网络基础体系上，用户有权利选择是将整个逻辑网络全部当成传输存储数据与信号的专用局域网，还是作为混合存储信息传送、网络电话、视频流以及其他数据传输的共用网络。FCoE 的目标是在继续保持用户对光纤通道 SAN 所期望的高性能和功能的前提下，将存储传输融入以太网架构。

此外，FC 与 FCoE 还有以下区别。

（1）运行环境不同。FC 协议运行在传统的 FC SAN 存储网络中，而 FCoE 则是运行在以太网中的存储协议。

（2）运行通道不同。FC 协议运行在 FC 网络中，所有的报文都运行在 FC 通道中。以太网中存在各种协议报文，包括 IP、ARP 等传统以太网协议，FCoE 的运行需要在以太网中创建一个虚拟的 FC 通道来承载 FCoE 报文。

（3）与 FC 协议相比，FCoE 增加了 FIP 初始化协议。由于 FCoE 是运行在以太网中的存储协议，如果要使 FCoE 在以太网中正常运行，需要 FIP 初始化协议获取 FCoE 运行的相应 VLAN，与哪个 FCF 建立虚通道，以及虚链路的维护等。

（4）FCoE 需要其他协议支持。以太网是可以容忍网络丢包的，但是 FC 协议不允许出现丢包，而 FCoE 作为在以太网中传输的 FC 协议，同样继承了这个不允许丢包的特点。所以，如果要使 FCoE 协议在以太网中正常运行，就需要对以太网做一定的增强来避免丢包，这种增强了的以太网称为增强型以太网（Converged Enhanced Ethernet，CEE）。

4. PCIe

高速串行计算机扩展总线标准（Peripheral Component Interconnect Express，PCIe）是一种高性能、高带宽的串行通信互连标准，最早由英特尔提出，后由外设组件互连特别兴趣组（PCI-SIG）制定，以取代基于总线的通信架构，如 PCI、PCI Extended（PCI-X）和 AGP（加速图形端口）。

PCIe 是一种高速串行计算机扩展总线标准，是个人计算机的图形卡、硬盘驱动器、SSD、Wi-Fi 和以太网硬件连接的常用主板接口。PCIe 对旧标准进行了大量改进，具有更高的最大系统总线吞吐量、更少的 I/O 引脚数、更小的物理尺寸、更好的总线设备性能扩展、更详细的错误检测和报告机制（Advanced Error Reporting，AER）以及本机热插拔功能。PCIe 标准的最新版本为 I/O 虚拟化提供了硬件支持。

5. IB

无限带宽（InfiniBand，IB）技术的主要设计目的不是用于一般网络连接，而是应对服务器端的连接问题。IB 主要应用于服务器与服务器、服务器与存储设备、服务器与网络之间的通信，拥有基于标准协议、高带宽、低时延、远程直接内存存取和传输卸载的特点。

IB 结构的关键在于通过点到点的交换结构解决共享总线的瓶颈问题，这种交换结构专门用于解决容错性和可扩展性问题。IB 通过向系统添加交换机轻松实现 I/O 系统的扩展，进而允许更多的终端设备接入到 I/O 系统。

6. CIFS/NFS

通用网络文件系统（Common Internet File System，CIFS）是服务器消息块（Server Message Block，SMB）中的一个版本。1996 年，微软发起了一项将 SMB 重命名为 CIFS 的计划，并增加了更多功能，包括符号链接、硬链接和更大的文件大小。CIFS 支持通过 TCP 端口 445 进行直接连接，而无须将 NetBIOS 作为传输方式。CIFS 的工作原理如图 2-6 所示。

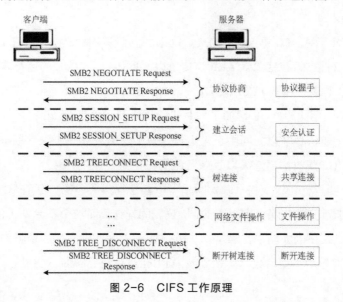

图 2-6　CIFS 工作原理

网络文件系统（Network File System，NFS）最初是由 Sun Microsystems（Sun）公司于 1984 年开发的一种分布式文件系统协议，允许客户端计算机上的用户通过计算机网络访问文件。和许多其他协议一样，NFS 建立在开放网络计算远程过程调用系统上。NFS 是在注释请求（RFC）中定义的开放标准，允许用户实施该协议。NFS 通常运行在类 UNIX 的操作系统上，为类 UNIX 操作系统提供网络文件存储服务。NFS 的工作原理如图 2-7 所示。

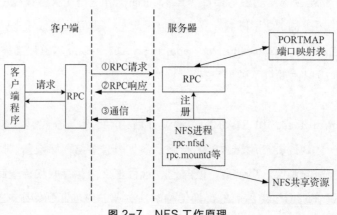

图 2-7　NFS 工作原理

2.1.2 存储组网技术简介

存储组网技术是基于数据存储的一种通用存储结构，存储结构大致分为 3 种：存储区域网络（SAN）、网络附加存储（NAS）和直连式存储（DAS）。不同的存储结构可以满足不同用户的需求，通常 SAN 和 NAS 是合并在一起使用的。SAN、NAS 和 DAS 的存储模型比较如图 2-8 所示。

【微课视频】

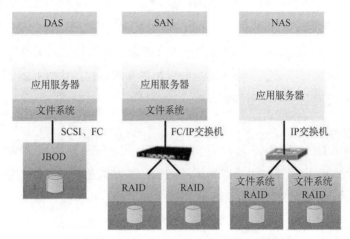

图 2-8　SAN、NAS 和 DAS 存储模型比较

1. SAN

存储区域网络（Storage Area Network，SAN）是一种连接外接存储设备和服务器的架构，通常采用光纤通道技术、磁盘阵列、磁带柜和光盘柜的各种技术实现。SAN 的特点是能够将存储设备通过局域网连接到服务器，并使存储设备被操作系统视为直接连接的设备。SAN 不仅针对大型企业的企业级存储方案，随着 2000 年后其价格和复杂度的降低，越来越多的中小型企业也开始逐步采用 SAN 技术。SAN 的工作原理如图 2-9 所示。

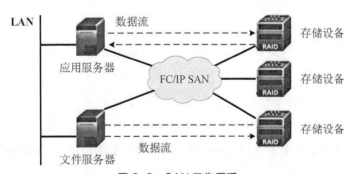

图 2-9　SAN 工作原理

出于历史原因，数据中心最初都是 SCSI 磁盘阵列的"孤岛"群。每个单独的小"岛屿"

都是一个专门的直接连接存储器应用，并且被视作无数个"虚拟硬盘驱动器"（如 LUNs）。本质上 SAN 是将一个个存储"孤岛"使用高速网络连接在一起，以使所有的应用都可以访问所有磁盘。

操作系统将 SAN 视为一组 LUN（逻辑单元号），并在 LUN 上维护自己的文件系统。这些不能在多个操作系统/主机之间进行共享的本地文件系统具有非常高的可靠性和十分广泛的应用。如果两个独立的本地文件系统存在于一个共享的 LUN 上，它们彼此没有任何机制来知道对方的存在，也没有类似缓存同步的机制，就有可能出现数据丢失的情况。因此，在主机之间通过 SAN 共享数据，需要一些复杂的高级解决方案，如 SAN 文件系统或计算机集群。在 SAN 中，多个服务器可以共享磁盘阵列上的存储空间，这对提高应用的存储能力能提供一定的帮助。SAN 可以应用于需要高速块级别访问的数据操作服务器，如电子邮件服务器、数据库、高利用率的文件服务器等。

2. NAS

网络附加存储（Network Attached Storage，NAS）是一种连接到局域网中的、基于 IP 的文件共享设备。NAS 可以通过文件级的数据访问和共享提供存储资源，使用户能够以最小的存储管理开销快速、直接共享文件。NAS 还可以不通过建立多个文件服务器，而是选用网络和文件共享协议进行归档和存储，包括进行数据传输的 TCP/IP 和提供远程文件服务的 CIFS、NFS。NAS 的工作原理如图 2-10 所示。

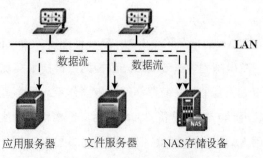

图 2-10　NAS 工作原理

UNIX 和 Windows 用户能够通过 NAS 实现无缝共享相同的数据，通常的数据共享方式有 NAS 和 FTP 两种。采用 NAS 共享时，UNIX 通常使用 NFS，而 Windows 通常使用 CIFS。随着网络技术的发展，NAS 扩展到足以满足企业访问数据的高性能和高可靠性的需求。NAS 设备是专用的、高性能的、高速的、单一用途的文件服务和存储系统。NAS 客户端和服务器之间通过 IP 网络通信，大多数 NAS 设备支持多种接口和网络。NAS 设备使用自己的操作系统、集成的硬件和软件组件，以满足特定的文件服务需求。NAS 对操作系统和文件 I/O 进行了优化。此外，NAS 设备能比传统的服务器接入更多的客户机，能够达到对传统服务器进行整合的目的。

3. DAS

直连式存储（Direct Attached Storage，DAS）是一种存储设备与服务器直接相连的架构。DAS 为服务器提供块级的存储服务（不是文件系统级）。DAS 的应用有服务器内部的硬盘、直接连接到服务器上的磁带库或直接连接到服务器上的外部硬盘盒。基于存储设备与服务器间的位置关系，DAS 分为内部 DAS 和外部 DAS 两类。DAS 的工作原理如图 2-11 所示。

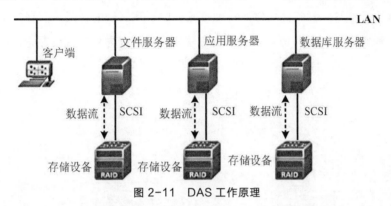

图 2-11　DAS 工作原理

在内部 DAS 架构中，存储设备通过服务器机箱内部的并行或串行总线连接到服务器上，由于物理的总线有距离限制，所以其只能支持短距离的高速数据传输。此外，很多内部总线能连接的设备数目也有限，并且将存储设备放在服务器机箱内部，也会占用大量的空间，对服务器其他部件的维护造成困难。

在外部 DAS 架构中，服务器与外部的存储设备直接相连。在大多数情况下，它们之间通过 FC 协议或者 SCSI 协议进行通信。与内部 DAS 相比，外部 DAS 克服了对连接设备距离和数量的限制。另外，外部 DAS 还提供存储设备集中化管理，更为方便。

2.1.3　存储可靠性技术简介

存储系统经常出现的各种异常因素可能导致故障的发生，严重的故障会导致数据丢失和损坏。因此，随着数据量的不断增加和数据价值的不断提高，存储系统可靠性变得越来越重要，对影响存储系统高可靠性因素的关键理论和技术进行研究显得尤为迫切。

1. RAID

最初的 RAID 技术是将几块小容量廉价的磁盘组合成一个大的逻辑磁盘，给大型机使用。后来硬盘的容量不断增大，组建 RAID 的初衷不再是构建一个大容量的磁盘，而是利用 RAID 技术保障数据的可靠性和安全性，以及提升读写性能。单个硬盘容量较大，使得数据硬盘组建的 RAID 容量更大，因此需要把 RAID 划分成一个一个的 LUN 映射给服务器使用。

在硬盘损坏时，可以利用 RAID 技术恢复坏盘数据到备用盘中，这个过程叫作硬盘重构。

随着硬盘技术的发展，单块硬盘的容量已经达到数 TB。传统 RAID 技术在硬盘重构的过程中需要的时间越来越长，在重构过程中硬盘损坏造成数据丢失的风险也越来越大，为了解决这一问题，块虚拟化技术应运而生。

RAID 2.0+是华为的块虚拟化技术，该技术将物理空间和数据空间分为分散的块进行存储，可以充分发挥系统的读写能力，方便扩展，也方便空间的按需分配以及数据的热度排布和迁移，是华为所有 Smart 软件特性的实现基础。由于热备空间也是分散在多个盘上的，因此硬盘数据的重构写可以同时进行，能够避免写单个热备盘导致的性能瓶颈，从而减少大量的重构时间。RAID 2.0+的工作原理如图 2-12 所示。

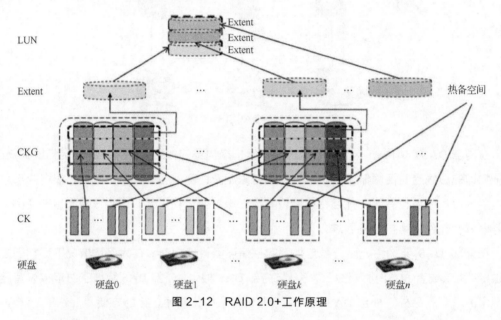

图 2-12　RAID 2.0+工作原理

2. 主机多路径技术

使用单链路连接可能导致单点故障，单点故障是指网络中的某一处设备发生故障时，可能导致整个网络瘫痪。为了避免单点故障，高可靠性系统都会对可能的单点故障设备做冗余备份。

多路径技术是在一台服务器和存储阵列端之间使用多条路径连接，使服务器到阵列的可见路径大于一条，其间可以跨过多个交换机，避免在交换机处形成单点故障。如在图 2-13（b）中，服务器到存储阵列的可见路径有 2 条，即（①，③）和（②，④），这两条路径上分别有两台独立的交换机。在这种模式下，当路径（①，③）断开时，数据流会在服务器多路径软件的引导下选择路径（②，④）到达存储阵列；当左侧交换机失效时，会自动引导数据流到右侧交换机并到达存储阵列；当路径（①，③）恢复时，数据流会自动切回原有路径。整个切换和恢复过程对主机应用透明，完全避免了由于主机和阵列间的路径故障而导致的I/O 中断。

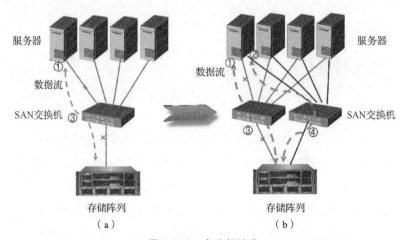

图 2-13　多路径技术

　　存储系统冗余保护方案涉及了这个路径上的所有领域，在服务器和 SAN 网络领域，通过结合 UltraPath 多路径软件及其他多路径软件，保证了前端路径没有单点故障；在存储机头中，使用全冗余硬件及热插拔技术，实现双控双活的冗余保护；在磁盘中，利用磁盘双端口技术及磁盘多路径技术，实现磁盘冗余保护。

　　利用多路径技术可以实现冗余路径的可靠利用。如果一条路径不能使用，或不能满足规定的性能要求，那么多路径技术会自动且透明地将数据流转移到其他可用的路径，确保数据流有效、可靠地继续传输。多路径技术原理如图 2-14 所示。

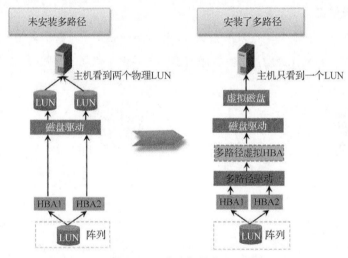

图 2-14　多路径技术原理

2.2 服务器

　　随着因特网的发展和普及，服务器也日益受到重视，如今出现了基于各

【微课视频】

种分类方法（包括用途、架构、应用层次和机箱类型等）的服务器。

2.2.1 服务器简介

1. 服务器定义

服务器（Server）是指一个管理资源并为用户提供服务的计算机软件，根据功能通常分为文件服务器（能使用户在其他计算机访问文件）、数据库服务器和应用程序服务器。运行这些软件的计算机称为网络主机（Host）。服务器通常以网络为介质，既可以通过局域网对内提供服务，也可以通过广域网对外提供服务。服务器的最大特点是强大的运算能力，即使是一个简单的服务器系统，通常也至少要有两个处理器构成对称多处理架构，使其能在短时间内完成大量工作，并为大量用户提供服务。20 世纪 90 年代之后，随着调制解调器技术的发展，互联网由窄带的电话拨接升级成为宽带数据传输，代表着以信息高速公路为象征的网络新时代来临。互联网普及的同时也改变了计算机用户的习惯，更广泛地普及了网络联系传讯，从文字到图片，再到视频，服务器所能完成的工作也越来越复杂。而云端、大数据时代造就了各种新类型行业，如网络电商、网络拍卖、网络销售、网络游戏、网络设计和架设，以及越来越普遍的云端数据库或备份库。标准服务器及文件服务器的普及正在实时优化，并改变人类的生活。

【思政拓展】

2. 服务器发展史

服务器的发展离不开计算机的发展，从 1946 年第一台电子计算机诞生至今，服务器也随着计算技术的发展进行着飞速发展。其中服务器的发展史上有几个里程碑，如图 2-15 所示。

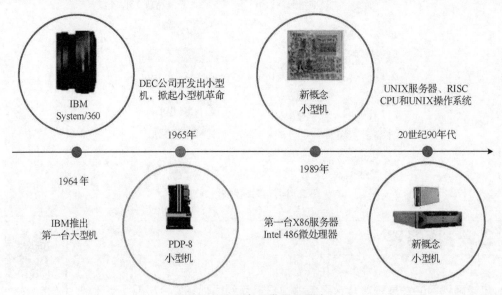

图 2-15 服务器发展里程碑

第一台通用电子计算机诞生在 1946 年，它的出现揭开了人类科学计算与信息技术的新纪元。1964 年，IBM 开发出的第一台大型机 System/360，成为真正意义上的服务器。System/360 采用创新的集成电路设计，计算性能达到每秒 100 万次，但是当时它的价格非常昂贵，每台价格高达 200 万～300 万美元。第一台大型机 System/360 服务器得到赏识之后，创造了许多技术领域和商业领域的第一，例如，它协助美国国家航空航天局建立阿波罗 11 号的数据库，达成了航天员登陆月球计划。

1965 年，DEC 公司开发出一个 PDP-8 小型机，掀起了一场小型机的革命。这台小型机服务器体积更小，更加易用，价格更便宜，深受用户的喜爱，也推动了服务器技术的进步，使之向更广的应用领域发展。

1989 年，出现了第一台采用 Intel 486 微处理器的 X86 架构服务器，由康柏公司生产。Intel 这一创举使服务器的价格变得低廉，更使服务器本身变得平民化和普及化。Intel 在 X86 架构领域的持续创新，也慢慢确立了 X86 架构服务器的市场地位。如今的 X86 架构服务器已经是市场的主流服务器，成功占据着行业的领先地位。在全球市场中，X86 架构服务器的出货量占比在 98%以上，销售量占比则在 80%以上。

20 世纪 90 年代，出现了 UNIX 服务器、RISC CPU 和 UNIX 操作系统。如今的小型机概念是指计算机技术发展到 90 年代，原来的大型机衍生出的一种针对中小型企业的低成本 UNIX 服务器，这类服务器通常采用 RISC CPU 和 UNIX 操作系统，国外称之为 UNIX Server，国内俗称为小型机。

服务器的核心部件 CPU 发展至今，在逻辑结构、运行效率及功能外延等方面都进行快速的发展与创新。因特尔（Intel）的创始人之一戈登·摩尔（Gordon Moore）曾提出摩尔定律以揭示 CPU 的发展速度。

3．服务器常用部件技术

服务器常用的部件包括处理器（CPU）、内存、和图形处理器（GPU）等。

（1）处理器

处理器全称为中央处理器（Central Processing Unit，CPU），是一块超大规模的集成电路，通常被称为计算机的大脑，同时也是一台计算机的运算核心（Core）和控制核心（Control Unit），是整个计算机系统中最重要的组成部件。中央处理器主要包括运算器（算术逻辑运算单元，Arithmetic Logic Unit，ALU）和高速缓冲存储器（Cache），以及实现它们之间联系的数据（Data）、控制和状态的总线（Bus）。中央处理器与内存（Memory）和输入/输出（I/O）设备合称为电子计算机三大核心部件。

目前的处理器架构主要分为复杂指令集（Complex Instruction Set Computer，CISC）和精简指令集（Reduced Instruction Set Computer，RISC）两种。早期的 CPU 采用 CISC 架构，这种架构会提升 CPU 结构的复杂性和对 CPU 工艺的要求。RISC 可以降低 CPU 的复杂性，允许在同样的工艺水平下生产出功能更强大的 CPU。CISC 和 RISC 的具体对比如表 2-1 所示。

表 2-1　CISC 和 RISC 的对比

对比项	CISC	RISC
指令系统	复杂	精简
存储器操作	控制指令多	控制简单
程序	编程效率高	需要大内存，不易设计
CPU 芯片电路	功能强，面积大，功耗大	面积小，功耗低
应用范围	通用机	专用机

目前市面上的处理器主要采用的架构如表 2-2 所示。

表 2-2　市面上处理器的架构

架构类型	架构名称	推出公司	推出时间	主要经营商
CISC	X86	Intel、AMD	1978	海光、兆芯
RISC	ARM	ARM	1985	苹果、三星、英伟达、高通、海思、TI 等
	MIPS	MIPS	1981	龙芯、聚力等
	PowerPC	IBM	1991	IBM

（2）内存

内存（Memory）又称主存，是 CPU 能直接寻址的存储空间，由半导体器件制成。内存是计算机中的主要部件，它是相对于外存而言的。内存的特点是存取速率快。常用的程序，如 Windows 操作系统、打字软件、游戏软件等，一般安装在硬盘等外存上，将它们调入内存中运行才能真正使用其功能。通常将需要永久保存且大量的数据存储在外存上，而将一些临时的或少量的数据和程序放在内存上，此外，内存会直接影响计算机的运行速度。

随着计算机的不断发展，人们对内存的要求越来越高，最初的扩展数据输出 DRAM（Extended Data Out DRAM，EDO DRAM）和后来的同步动态随机存取内存（Synchronous Dynamic Random Access Memory，SDRAM）已经不能满足使用需求，于是内存进入了双倍速率（Double Date Rate，DDR）时代。DDR 内存从最初的 DDR 第一代发展到现在的 DDR 第四代，性能已经有了很大的提升，各代 DDR 标准对比如表 2-3 所示。

表 2-3　各代 DDR 标准对比

DDR 标准	总线频率（MHz）	传输速率（MT/s）	工作电压（V）
DDR	100～200	200～400	2.5/2.6
DDR2	200～533	400～1 066	1.8
DDR3	400～1 066	800～2 400	1.5
DDR4	800～1 200	1 600～5 067	1.6

（3）图形处理器

图形处理器（Graphics Processing Unit，GPU）又称显示核心、视觉处理器、显示芯片，是一种专门在个人计算机、工作站、游戏机和一些移动设备上进行图像运算工作的微处理器，是显卡或 GPU 卡的"心脏"。CPU 和 GPU 同样是处理器，但是诞生的需求不同，工作原理也不同。CPU 在处理逻辑判断的同时，还需要处理一些分支转跳和中断的操作，这些多种类的操作需要 CPU 具有通用性，使得 CPU 的内部结构异常复杂；而 GPU 面对的则是类型高度统一的、相互无依赖的大规模数据和不需要被打断的纯净计算环境。这些区别使得 CPU 和 GPU 在硬件逻辑架构中也产生了很大差异，CPU 与 GPU 硬件逻辑架构对比如图 2-16 所示。

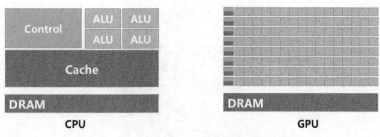

图 2-16　CPU 与 GPU 硬件逻辑架构对比

GPU 的关键性能是并行计算，这意味着 GPU 可以同时处理运算，复杂问题可被分解为更简单的问题，然后同时进行处理。并行计算适用于高性能计算（High Performance Computing，HPC）和超算领域所涉及的许多问题类型，如气象、宇宙模型和 DNA 序列等。但应注意的是，并不是只有天体物理学家和气象学家才能充分利用并行计算的优点，事实证明，许多企业应用能从并行计算中获得超出寻常的好处，如数据库查询、密码学领域的暴力搜索、对比不同独立场景的计算机模拟、机器学习或深度学习、地理可视化等。

2006 年，多伦多大学教授杰弗里·辛顿（Geoffery E. Hinton）发表论文开启深度学习，从此 GPU 开始应用于人工智能计算领域。GPU 设计之初，并非针对深度学习，而是图形加速，在 NVIDIA 推出 CUDA 架构之前，GPU 对深度学习运算能力的支持较少。而如今，NVIDIA 可以提供基于其 GPU 的、从后端模型训练到前端推理应用的全套深度学习解决方案，开发人员可以非常容易地使用 GPU 进行深度学习开发或高性能运算。正是 CUDA 的优化才使开发者真正喜欢 GPU。而 CUDA 还不能称为算法，它只是计算硬件与算法之间的桥梁。

2.2.2　常见的服务器

服务器的目的是共享数据、共享资源和分配工作。服务器可在应用层次、架构、用途和机箱类型等方面进行区分，目前市场上的服务器主要根据不同的机箱类型进行区分，常见的服务器有塔式服务器、机架式服务器和刀片式服务器。

1. 塔式服务器

塔式服务器（Tower Server）是比较常见的，它的外形和结构与普通的 PC 类似。由于塔式服务器的机箱较大，服务器的配置也可以很高，冗余扩展也非常齐全，所以它的应用范围非常广，目前使用率最高。一般情况下，通用服务器即指塔式服务器，它可以集多种常见的服务应用于一身，速度应用和存储应用都可以使用塔式服务器实现。塔式服务器的外形如图2-17 所示。

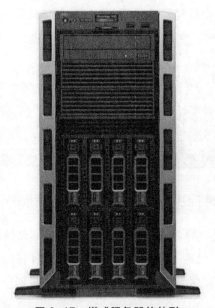

图 2-17　塔式服务器的外形

对于使用对象或使用级别，目前常见的入门级和工作组级服务器基本上是采用塔式服务器的结构类型。塔式服务器只有一台主机，即使进行升级扩张也会有一定的限度。在一些应用需求较高的企业中，单机服务器无法满足要求，需要多机协同工作，而塔式服务器体积较大，独立性太强，协同工作时在空间占用和系统管理上都不方便。但总体而言，由于塔式服务器的功能、性能基本上可以满足大部分企业用户的要求，而且其成本较低，所以塔式服务器的应用非常广泛。

2. 机架式服务器

机架式服务器（Rack Server）的外形不像计算机，而像交换机，它的高度有 1U（1U=1.75英寸=4.445cm）、2U、4U 等规格。机架式服务器安装在标准的 19 英寸宽机柜中，这种结构的服务器大部分是功能型服务器。

作为为互联网设计的服务器模式，机架式服务器是一种外观按照统一标准设计的服务器，配合机柜统一使用。可以理解为，机架式服务器是一种优化结构的塔式服务器，它的设计宗旨主要是尽可能减少服务器空间的占用，这样的好处是机房托管的价格便宜很多。

很多专业网络设备都是采用机架式的结构（多为扁平式，像个抽屉），如交换机、路由器、硬件防火墙等。机架式服务器的宽度为 19 英寸，高度以 U 为单位，通常有 1U、2U、3U、4U、5U 和 7U 这 6 种标准规格。机柜的尺寸采用通用的工业标准，通常高度为 22U～42U；在机柜内每个 U 的高度有可拆卸的滑动拖架，用户可以根据自己服务器的标高灵活调节高度，以存放服务器、集线器、磁盘阵列柜等网络设备。服务器摆放好后，它的所有 I/O 线从机柜的后方引出（机架式服务器的所有接口也在后方），统一安置在机柜的线槽中，一般贴有标号，便于管理。

由于机架式服务器的体积比塔式服务器的体积小很多，所以它在扩展性和散热上受到一定的限制，配件也要经过一定的筛选。一般机架式服务器无法实现完整的设备扩张，所以单机性能就比较有限，应用范围也比较有限。机架式服务器主要专注于某一方面的应用，如远程存储和 Web 服务的提供等。

华为 TaiShan 系列服务器是通用型机架式服务器，其外形如图 2-18 所示。TaiShan 系列服务器是华为新一代数据中心服务器，其基于华为鲲鹏处理器，适合大数据、分布式存储、原生应用、高性能计算和数据库等应用高效加速，旨在满足数据中心多样性计算、绿色计算的需求。TaiShan 100 服务器基于鲲鹏 916 处理器，有 2280 均衡型和 5280 存储型等产品型号。TaiShan 200 服务器基于鲲鹏 920 处理器，有 2280E 边缘型、1280 高密型、2280 均衡型、2480 高性能型、5280 存储型和 X6000 高密型等产品型号。

图 2-18　华为 TaiShan 系列服务器的外形

3．刀片式服务器

刀片式服务器（Blade Server）是一种高可用高密度（High Availability High Density，HAHD）的低成本服务器，是专门为特殊应用行业和高密度计算机环境设计的，其中每一块"刀片"，实际上就是一块系统母板，可以通过本地硬盘启动自己的操作系统，如 Windows NT/2000、Linux、Solaris 等，类似于一个个独立的服务器。当前市场上的刀片式服务器有两大类：一类主要为电信行业设计，接口标准和尺寸规格符合工业计算机制造商集团（PCI Industrial Computer Manufacturer's Group，PICMG）1.x 或 2.x，未来还将推出符合 PICMG 3.x 的产品，这类刀片式服务器如果采用相同标准生产的刀片和机柜，一般是可以互相兼容的；另一类为通用计算设计，接口采用了 PICMG 标准或厂商标准，但尺寸规格由厂商决定，注重性能价格比，市场上属于这一类刀片式服务器的产品较多。

刀片式服务器的优点是适合集群计算和互联网交换中心（IXP），适用于数码媒体、医学、航天、军事、通信等多种领域。

在每块刀片都是独立服务器的模式下，每一个主板运行自己的系统，服务于指定的不同用户群，相互之间没有关联，但是可以通过系统软件将这些主板集合成一个集群服务器。在集群模式下，所有的主板可以连接起来提供高速的网络环境，可以共享资源，为相同的用户群服务。在集群中插入新的"刀片"，可以提高整体性能。而由于每块"刀片"都是热插拔的，所以系统可以轻松地进行替换，并且将维护时间减少到最少。值得一提的是，系统配置可以通过一套智能 KVM 和 9 个或 10 个带硬盘的 CPU 板实现。一个机架中的服务器可以通过新型的智能 KVM 转换板共享一套光驱、软驱、键盘、显示器和鼠标，以访问多台服务器，以便进行升级、维护和访问服务器上的文件。

华为 FusionServer Pro E9000 融合架构刀片式服务器，其外形如图 2-19 所示。它是华为在 ICT 领域的多年技术积累，实现了计算、存储、网络、管理的融合，支撑运营商、企业高端核心应用，可用于虚拟化、关键业务、高性能计算。华为 FusionServer Pro E9000 机箱采用 12U/16 刀片结构，具有供电、散热、管理、交换等全冗余模块化设计，空间布局合理，利用率高，可安装于标准 19 英寸、1 000mm 深度及以上的机柜。

图 2-19　华为 FusionServer Pro E9000 系列刀片式服务器的外形

2.3　综合布线与设备上架

机房设备间往往离不开设备和线缆，数量庞大的设备与众多的线缆如何规范施工成为机房施工的难题。综合布线技术与设备上架规范使得机房能更好地对设备和线缆进行施工和管理。

2.3.1　综合布线

【微课视频】

随着网络的不断普及，人们对信息的需求越来越多。为了向用户提供高速可靠的信息传输通道，需要在建筑物内或建筑物之间建立方便的、灵活的、稳定的结构化布线系统。综合布线技术虽然在我国起步比较晚，但由于其具有结构化的设计思想、方便灵活的设备配置等，已成为一项方兴未艾的可持续发展信息基础产业。

1．综合布线标准

随着综合布线系统技术的不断发展，与之相关的综合布线系统的国内和国际标准也更为规范化、标准化和开放化。国际标准化组织和国内标准化组织都在努力制定更新的标准以满足技术和市场的需求，完善的标准会使市场更加规范化。在传统布线系统中，由于多个子系统独立布线，并采用不同的传输媒介，因而给建筑物的设计和之后的管理带来一系列的弊端。随着通信事业的发展，用户不仅需要使用电话与外界进行交流，而且需要通过互连网络获取语音、数据、视频等大量的、动态的多媒体网络信息。通信的智能化已成为人们日常生活和工作不可缺少的一部分。

（1）综合布线系统的国内标准

国家标准《建筑与建筑群综合布线系统工程设计规范》（ GB/T 50311—2000 ）、《建筑与建筑群综合布线系统工程验收规范》（ GB/T 50312—2000 ）于 2000 年 2 月 28 日发布，2000 年 8 月 1 日开始执行。该标准主要是由我国通信行业标准 YD/T 926—1997 （《大楼通信综合布线系统》）升级而来，与 YD/T 926 相比，它明确了一些技术细节，并与 YD/T 926 保持兼容。

这两个标准只是关于 100m 长度的五类布线系统的标准，不涉及增强型五类以上的布线系统。

此外，国内标准还有协会标准 CECS 72:1995、CECS 72:1997 和 CECS 89:1997 以及行业标准 YD/T 926 等。

（2）综合布线系统的国际标准

目前国际上采用的综合布线系统标准主要有 IEC 61935 和 ISO/IEC 11801 等。

2．综合布线系统的主要部件

在综合布线系统中，各种应用设备的连接都是通过通信介质和相关硬件完成的，布线系统中通信介质和相关连接硬件选择的正确与否、质量的好坏和设计是否合理，直接关系到布线系统的可靠性和稳定性。

（1）网络设备

① 双绞线

双绞线（ Twisted Pair，TP ）也称平衡电缆，是综合布线工程中最常用的一种传输介质。双绞线可以传输模拟信号和数字信号，特别适用于较短距离的信息传输。在星形网络拓扑结构中，双绞线是必不可少的布线材料。双绞线一般由两根 22～26AWG（ American Wire Gauge

的缩写，是衡量铜电缆直径的单位）绝缘铜导线相互缠绕而成。把一对以上的双绞线放在一个绝缘套管中，便是双绞线电缆。在双绞线电缆内，不同线对具有不同的扭绞等级，这样可以降低线对之间的串扰。一般来说，扭绞长度在 14～38.1cm 内，按逆时针方向扭绞，相邻线对的扭绞长度在 12.7cm 以上。与其他传输介质相比，双绞线在传输距离、信道宽度和数据传输速度等方面均受到一定限制，但它重量轻、价格低廉、安装容易。目前，双绞线可分为非屏蔽双绞线（UTP）和屏蔽双绞线（STP）。

非屏蔽双绞线电缆的线对外没有金属屏蔽层，如图 2-20 所示，这使得非屏蔽双绞线电缆不能防止周围外部环境的电子干扰，也不能防止磁泄漏，但其却是结构化布线系统中最常用的通信介质。非屏蔽双绞线电缆可以用于语音、低速数据、高速数据、音频、图像、控制等系统中。

图 2-20　非屏蔽双绞线电缆

非屏蔽双绞线电缆在 1MHz 下阻抗值为 1 002Ω，最大传输距离为 100m。常用双绞线细铜芯线的直径为 24AWG。对于水平布线的电缆，常用的是 4 线对，而语音系统则常用 25 对、50 对、100 对或更多对数电缆。

非屏蔽双绞线电缆用色标来区分不同的线，计算机网络系统中常用的 4 对电缆有 4 种本色：蓝色、橙色、绿色和棕色。每条线以本色配白色条纹或斑点进行标志，或以白色配其他色条纹或斑点进行标志。色标也称为色带标志，条纹标志也称为色基标志。在使用 25 对或更粗的电缆时，正确进行色标就显得更为重要。常见的 4 对 UTP 颜色编码如表 2-4 所示。

表 2-4　常见的 4 对 UTP 颜色编码

线对	编号	颜色编码	简写
线对 1	1	白-蓝	W-BL
	2	蓝	BL
线对 2	3	白-橙	W-O
	4	橙	O
线对 3	5	白-绿	W-G
	6	绿	G
线对 4	7	白-棕	W-BR
	8	棕	BR

屏蔽双绞线电缆的线对外包有一层金属箔，具有较好的抗干扰性，但价格较高，主要用于外界电磁干扰较大或对数据传输安全性要求较高的环境中。屏蔽双绞线电缆在 1MHz 下阻抗值为 1 002 Ω，有较高的传输速率，100m 内最大传输速率可达 155MB/s。

双绞线接法有两种国际标准，分别是 ANSI/TIA/EIA 568-A 和 ANSI/TIA/EIA 568-B，如图 2-21 所示。连接线缆有以下两种常用做法。

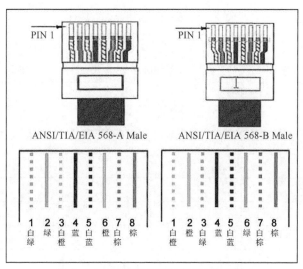

图 2-21　双绞线接法的两种国际标准

a．直通线缆。水晶头两端都遵循 ANSI/TIA/EIA 568-A 或 ANSI/TIA/EIA 568-B 标准，双绞线的每组绕线是一一对应的，颜色相同的为一组绕线，如表 2-5 所示。直通线缆适用场合：交换机（或集线器）UPLINK 口连接交换机（或集线器）普通端口；交换机（或集线器）普通端口连接计算机（终端）网卡。

表 2-5　直通线缆的线对排列

ANSI/TIA/EIA 568-A 标准			ANSI/TIA/EIA 568-B 标准		
引脚顺序	介质连接信号	双绞线对的排列顺序	引脚顺序	介质连接信号	双绞线对的排列顺序
1	TX+（传输）	白-绿	1	TX+（传输）	白-橙
2	TX-（传输）	绿	2	TX-（传输）	橙
3	RX+（接收）	白-橙	3	RX+（接收）	白-绿
4	没有使用	蓝	4	没有使用	蓝
5	没有使用	白-蓝	5	没有使用	白-蓝
6	RX-（接收）	橙	6	RX-（接收）	绿
7	没有使用	白-棕	7	没有使用	白-棕
8	没有使用	棕	8	没有使用	棕

b．交叉线缆。水晶头一端遵循 ANSI/TIA/EIA 568-A 标准，而另一端遵循 ANSI/TIA/EIA
568-B 标准。即两个水晶头的连线交叉连接，A 端水晶头的 1、2 应与 B 端水晶头的 3、6 为
一组绕线，而 A 端水晶头的 3、6 应与 B 端水晶头的 1、2 颜色相同的为一组绕线，如表 2-6
所示。交叉线缆适用场合：交换机（或集线器）普通端口连接交换机（或集线器）普通端口；
计算机网卡（终端）连接计算机网卡（终端）。

表 2-6　交叉线缆的线对排列

标准的交叉线缆		
A 端水晶头排列顺序	引脚顺序	B 端水晶头排列顺序
白-绿	1	白-橙
绿	2	橙
白-橙	3	白-绿
蓝	4	蓝
白-蓝	5	白-蓝
橙	6	绿
白-棕	7	白-棕
棕	8	棕

② 光缆

光纤是使用玻璃纤维（纤芯）传输光脉冲形式网络数据的网络传输介质，光纤线缆
（又称光缆）由玻璃纤维和保护层组成。玻璃纤维外包有一层涂料，称为保护层，光信号
在玻璃纤维内以全反射方式传递，光纤剖面结构如图 2-22 所示。由于玻璃纤维质地脆、
易断裂，所以需在外面加一层保护层。光纤作为网络传输介质，越来越流行，与同轴电
缆相比较，它具有较强的抗电磁干扰性、较高的传输速率、较长的最大传输距离和更高
的安全性。

图 2-22　光纤剖面结构

光纤传输的是光脉冲信号而不是电压信号，光纤将网络数据的 0 和 1 转换为某种光源的
灭和亮，光源发出的光按照被编码的数据进行亮或灭的变换。当光脉冲到达目的地时，传感
器会检测出光信号是否出现，并将光信号的灭和亮相应地转换回电信号的 0 和 1。

有两种光源可被用作信号源：发光二极管（Light Emitting Diode，LED）和半导体激光

管（Injection Laser Diode，ILD）。其中 LED 成本较低，而半导体激光管可获得很高的数据传输速率和较远的传输距离。它们有着不同的特性，如表 2-7 所示。

表 2-7　两种光源的不同特性

指标	发光二极管	半导体激光管
数据传输速率	低	高
模式	多模	多模或单模
距离	短	长
生命期	长	短
温度敏感性	较低	较敏感
造价	造价低	昂贵

大多数光纤网络系统都使用两根光纤，一根用来发送，一根用来接收。在实际应用中，光缆的两端都应安装光纤收发器，光纤收发器集成了光发送机和接收机的功能。

③ 配线架

配线架是电缆或光缆进行端接和连接的装置。在配线架上可进行互连或交接操作。楼层配线架连接水平电缆、水平光缆以及其他布线子系统或设备，是实现垂直干线和水平布线两个子系统交叉连接的枢纽。配线架通常安装在机柜或墙上。通过安装附件，配线架可以全线满足 UTP、STP、同轴电缆、光纤、音视频的需要。在网络工程中常用的配线架有双绞线配线架和光纤配线架。

双绞线配线架如图 2-23 所示。它的作用是在管理子系统中将双绞线进行交叉连接，用在主配线间和各分配线间。双绞线配线架的型号很多，每个厂商都有自己的产品系列，对应于三类、五类、超五类、六类和七类线缆，分别有不同的规格和型号。在具体项目中，应参阅相关产品手册，根据实际情况进行配置。

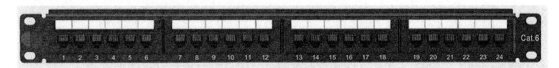

图 2-23　双绞线配线架

光纤配线架如图 2-24 所示，其作用是在管理子系统中将光缆进行连接。光纤配线架通常使用在主配线间和各分配线之间。

配线架一般与理线环或理线架搭配使用，主要功能是让机柜里的线更整齐、更规范、更容易管理。一般是先把双绞线打到配线架上，然后再用跳线从配线架连接到交换机上，实现物理连接。

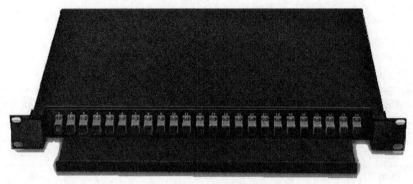

图 2-24　光纤配线架

④ 交换机

交换机也叫交换式集线器，信息通过它进行重新生成，并经过内部处理后转发至指定端口。交换机具备自动寻址能力和交换作用，即根据所传递信息包的目的地址，将每一信息包独立地从源端口送至目的端口，避免和其他端口发生碰撞。在广义上，交换机是一种在通信系统中完成信息交换的设备。

在计算机网络系统中，交换机是针对共享工作模式的弱点而设计的。集线器是采用共享工作模式的代表，如果把集线器比作一个邮递员，那么这个邮递员是个不认识字的人，他不知道直接根据信件上的地址将信件送给收信人，只会拿着信分发给所有人，然后让接收的人根据地址信息来判断是不是自己的信。而交换机则是一个"聪明"的邮递员，交换机拥有一条高带宽的背部总线和内部交换矩阵，交换机的所有端口都挂接在这条背部总线上，当控制电路收到数据包以后，处理端口会查找内存中的地址对照表，以确定目的 MAC（网卡的硬件地址）的 NIC（网卡）挂接在哪个端口上，通过内部交换矩阵迅速将数据包传送到目的端口。当目的 MAC 不存在时，交换机才"广播"所有的端口。接收端口回应后，交换机会"记住"新的地址，并把它添加到内部地址表中。可见，交换机在收到某个网卡发过来的信件时，会根据上面的地址信息以及自己掌握的"常住居民户口簿"快速将信件送到收信人的手中。只有当收信人的地址不在"户口簿"上时，交换机才会像集线器一样将信分发给所有的人，然后从中找到收信人。而找到收信人之后，交换机会立刻将这个人的信息登记到"户口簿"上。以后再为该客户服务时，就可以迅速将信件送达了。其实，交换技术是一个具有简化、低价、高性能和高端口密集等特点的交换产品，体现了桥接技术的复杂交换技术在 OSI 参考模型的第二层操作。与桥接器一样，交换机按每一个数据包中的 MAC 地址相对简单地决定信息转发。而这种转发决定一般不考虑数据中隐藏得更深的其他信息。与桥接器不同的是，交换机转发延迟很小，接近单个局域网性能，远远超过了普通桥接互连网络之间的转发性能。

交换技术允许在共享型和专用型局域网段进行带宽调整，以减少局域网之间信息流通出现的瓶颈问题。现在已经有具有以太网、快速以太网、FDDI 和 ATM 技术的交换产品。类似传统的桥接器，交换机提供了许多网络互连功能。交换机能经济地将网络分成小的冲突域，为每个工作站提供更高的带宽。协议的透明性使得交换机能够在软件配置简单的情况下直接安装在多协议网络中。交换机使用现有电缆、中继器、集线器和工作站的网卡，不必做高层的硬件升级。交换机对工作站是透明的，这样管理开销低，简化了网络节点的增加、移动和网络变化操作。利用专门设计的集成电路可使交换机以线路速率在所有的端口并行转发信息，从而使交换机提供比传统桥接器高得多的操作性能。如理论上单个以太网端口可对含有 64 个八进制数的数据包提供 14 880bit/s 的传输速率，这意味着一台具有 12 个端口、支持 6 道并行数据流的"线路速率"以太网交换机必须提供 89 280bit/s 的总体吞吐率（6 道信息流×14 880bit/s/道信息流）。专用集成电路技术使得交换机可在更多端口的情况下实现上述性能，其端口造价低于传统型桥接器。

⑤ 路由器

路由器（Router）是一种典型的网络层设备，在 OSI/RM 之中被称为中介系统，主要用来完成网络层中继或第三层中继的任务。路由器负责在两个局域网的网络层间按帧传输数据，转发帧时需要改变帧中的地址。

路由器用于连接多个逻辑上分开的网络。所谓逻辑网络是代表一个单独的网络或者一个子网。当数据从一个子网传输到另一个子网时，可通过路由器来完成。因此，路由器具有判断网络地址和选择路径的功能，能在多网络互连环境中，建立灵活的连接，并可用完全不同的数据分组和介质访问方法连接各种子网。路由器只接受源站或其他路由器的信息，属于网络层的一种互连设备。路由器不关心各子网使用的硬件设备，但运行要求各子网用与网络层协议相一致的软件。

路由器分为本地路由器和远程路由器。本地路由器是用来连接网络传输介质的，如光纤、同轴电缆、双绞线。远程路由器是用来连接远程传输介质的，并要对相应的设备提出要求，如电话线要匹配调制解调器，无线信号要通过无线接收机、发射机等。一般来说，异种网络互连与多个子网互连都应采用路由器完成。

常见的路由器有以下几种功能。

a．在网络间截获发送到远地网段的报文，起转发的作用。

b．选择最合理的路由，引导通信。为实现这一功能，路由器要按照某种路由通信协议查找路由表。路由表列出整个互连网络包含的各个节点、节点间的路径情况和与它们相联系的传输费用。若到特定的节点有一条以上路径，则基于预先确定的准则选择最优（最经济）的路径。由于各种网络段和其相互连接情况可能发生变化，所以路由器情况的信息需要及时更新，这是由所使用的路由信息协议规定的定时更新或者按变化情况更新来完成的。网络中的每个路由器按照这一规则动态地更新它所保持的路由表，以便保持有效的路由信息。

c．路由器在转发报文的过程中，为了便于在网络间传送报文，按照预定的规则将大的数据包分解成适当大小的数据包，到达目的地后再把分解的数据包包装成原有形式。

d．多协议的路由器可以连接使用不同通信协议的网络段，作为不同通信协议网络段通信连接的平台。

e．路由器的主要任务是把通信数据引导到目的地网络，然后到达特定的节点站地址。后一个功能是通过网络地址分解完成的。

（2）电气设备

不间断电源（Uninterruptible Power System，UPS）电源是一种常用的电气设备。市电系统作为公共电网，连接了成千上万的各种负载。其中有一些较大的感性、容性、开关电源等负载，不仅从电网中获得电能，而且会反过来对电网本身造成影响，恶化电网或局部电网的供电品质，造成市电电压波形畸变或频率漂移。另外，意外的自然灾害和人为事故，如地震、雷击、输变电系统断路或短路，都会影响电力的正常供应，从而影响负载的正常工作。UPS电源的作用有以下几种。

① UPS 电源不仅为各类用电设备提供后备电源，以防止突然断电给局域网造成损害，影响其正常运行，还可以保障计算机系统在停电之后继续工作一段时间，使用户能够紧急存盘，避免数据丢失。

② UPS 电源可以消除供电系统中产生的诸如电涌（Power Surges）、高压尖脉冲（High Voltage Spikes）、暂态过电压（Very Fast Transient Over Voltage）、电压下陷（Power Sags）、电线噪声（Electrical Line Noise）、频率偏移（Frequency Variation）、持续低电压（Brown Out）、市电中断（Power Fail）、波形断续、电源波动、交换瞬变等现象，改善电源质量，以避免局域网中各类设备的电子元器件受到破坏性损害。

③ UPS 电源可以抑制电网中其他用电设备产生的诸如高频信号等杂波，消除因杂波造成的数据传输失效等故障，以提高网络的可靠性。

④ UPS 电源为计算机及其他设备提供电压稳定、波形纯正的电力供给，保证计算机及网络系统的正常工作和数据不受干扰。

2.3.2 设备上架

系统的设备间内安装有各种设备，如交换机、路由器和服务器等系统设备。这些设备的安装施工要求有所不同，不属于综合布线系统工程范围之内。属于综合布线系统工程范围之内的设备间设备是有限的，只包含建筑配线架和相应设备（包括各种接线模块和布线接插件等）。

【微课视频】

在系统中常用的设备主要是配线架等接续设备，由于国内外的设备类型和品种有所不同，所以其安装方法也有很大区别，目前较为常用的安装方式主要包括双面配线架的落地安装方式和单面配线架的墙上安装方式。配线架等设备的结构有敞开式的列架式，也有外壳保护柜式。前者一般用于容量较大的建筑群配线架或建筑物配线架，装在设备间或干线交接间（又称干线接线间）中；后者通常用于中小容量的建筑物配线架或楼层配线架，装在二级交接间中，配线架等设备作为端接和连接线缆的接续设备，进行日常的配线管理。

目前，国内所有配线接续设备的外形尺寸基本相同，其宽度大多采用通用的 19 英寸（英制 48.26cm 标准机柜架尺寸），这对于设备统一布置和安装施工是有利的。

此外，国内外生产的通信引出端（信息插座）的外形结构和内部零件安装方式大同小异，基本为面板和盒体两部分，并组装成整体。此外，连接用的插座头都为 RJ-45 型。因此，在安装方法上是基本一致的。

在综合布线系统工程中安装设备时，需按以下基本要求施工。

（1）机架、设备的排列布置、安装和设备面向都应按设计要求，并符合实际测定后机房平面布置图中的需要。

（2）在综合布线系统工程中采用的机架和设备，其型号、品种、规格和数量均应按设计文件规定配置。经检查上述内容与设计完全相符时，才允许在工程中安装施工。如果设备不符合设计要求，必须与设计单位共同协商处理。

（3）在安装施工前，必须熟悉掌握厂家提供的产品使用说明和安装施工资料，了解设备特点和施工要点。安装施工过程应根据其有关规定和要求执行，以保证设备安装质量良好。

（4）在机架、设备安装施工前，如发现外包装不完整或设备外观存在严重缺陷，主要零配件数量不符合要求等情况，应对其进行详细记录。只有在确实证明整机完好、主要零配件数量齐全等前提下，才能安装设备和机架。质量不合格的设备不应安装使用，主要零配件数量不符应等待妥善处理后，才能进行下一步施工操作。

2.4　小结

本章主要介绍了存储设备与相关的存储协议和存储技术，并对塔式服务器、机架式服务器、刀片式服务器等常见的服务器进行了简要说明，最后介绍了综合布线的国内和国际标准，综合布线系统的主要组成部件和设备上架的基本要求。

2.5　习题

（1）SCSI 是（　　）的简称。

  A．互联网小型计算机系统接口   B．小型计算机系统接口

C．存储区域网络　　　　　　　　D．以太网光纤通道

（2）下面关于 DAS 的描述正确的是（　　）。

A．DAS 是一种服务器与服务器直接相连的架构

B．DAS 是连接到一个局域网的基于 IP 的文件共享设备

C．DAS 是一种连接外接存储设备和服务器的架构

D．DAS 是一种存储设备与服务器直接相连的架构

（3）第一台电子计算机诞生的时间是（　　）。

A．1965 年　　　　B．1964 年　　　　C．1946 年　　　　D．1989 年

（4）下面不属于按不同机箱类型划分的服务器类型的是（　　）。

A．塔式服务器　　B．机架式服务器　　C．存储服务器　　D．刀片式服务器

（5）下面不属于综合布线系统的网络设备部件的是（　　）。

A．光缆　　　　　B．路由器　　　　　C．UPS 电源　　　D．交换机

第 3 章
系统与软件

03

　　智能计算平台除了需要硬件服务器外，还需要操作系统和其他软件的支持。操作系统是服务器的核心与基石，也是智能计算的基础，其他软件则是为了实现智能计算的相关功能。应响应"二十大"报告提出的"扩大国际科技交流合作，加强国际化科研环境建设，形成具有全球竞争力的开放创新生态"。本章重点介绍 Windows 和 Linux 两个主流操作系统，脚本编程语言 Python 以及常用的开发工具包 JDK，常用的数据库软件 MySQL、GaussDB、MongoDB，常用的 ETL 工具 Kettle，常用的软件服务器 Nginx 等。

【学习目标】

① 了解 Windows 操作系统的发展历程与各个版本的功能。

② 了解 Linux 操作系统的发展历程与各个版本的应用领域。

③ 了解 Python 的发展历程、语言特性和应用领域。

④ 了解常用的开发工具包 JDK。

⑤ 了解常用的数据库软件 MySQL、GaussDB、MongoDB。

⑥ 了解常用的 ETL 工具 Kettle。

⑦ 了解常用的软件服务器 Nginx。

【素质目标】

① 培养学生全面看待问题的能力。

② 培养学生紧跟科技发展的学习习惯。

③ 深化学习基础的重要性。

3.1 操作系统

　　一台完整的计算机由硬件和软件两部分组成。软件主要分为操作系统和应用软件两部分。操作系统（Operating System，OS）是配置在计算机硬件上的第一层软件，是对硬件系统的首次扩充，也是智能计算平台的依赖。操作系统是计算机的核

【微课视频】

【思政拓展】

心与基石，而其他汇编程序、编译程序、数据库管理系统等应用软件，都将依赖于操作系统的支持，需要在操作系统之上构建服务。操作系统已成为现代计算机系统（大、中、小及微型计算机）、多处理机系统、计算机网络、多媒体系统和嵌入式系统中都必须配置的、最重要的软件之一。目前主流的操作系统包括 Windows 和 Linux 操作系统。

3.1.1 Windows

Microsoft Windows（Windows）是微软公司推出的一系列操作系统。Windows 于 1985 年问世，起初是一个运行于 MS-DOS 上的桌面环境，后续版本逐渐发展成为面向个人计算机和服务器用户设计的操作系统，并几乎垄断了个人计算机操作系统。Windows 操作系统可以在几种不同类型的硬件平台上运行，如个人计算机、移动设备、服务器和嵌入式系统等，其中在个人计算机领域的应用最为普遍。

1. 发展历程

（1）16 位图形用户界面

早期版本的 Windows 通常被看作是运行于 MS-DOS 系统中的一个图形用户界面，而不是操作系统。当时的 Windows 在 MS-DOS 上运行并且被用作文件系统服务。不过，即使是最早的 16 位版本 Windows 也已经具有了许多典型的操作系统功能，包括拥有自主的可执行文件格式和设备驱动程序。与 MS-DOS 不同的是，Windows 通过协作式多任务允许用户在同一时刻执行多个图形应用程序。Windows 还实现了一个设计精良的、基于存储器分段的软件虚拟内存方案，使其能够运行内存需求大于计算机本身物理内存的应用程序。代码段和资源在内存不足时进行交换，并且当应用程序释放处理器控制和等待用户输入时，数据段会被移入内存。16 位图形用户界面发行版本与时间如表 3-1 所示。

表 3-1　16 位图形用户界面发行版本与时间

版本	发行时间
Windows 1.0.1	1985 年
Windows 1.03	1986 年
Windows 2.03	1987 年
Windows 2.1	1988 年
Windows/286 2.0	1988 年
Windows/386 2.1	1988 年
Windows 3.0	1990 年
Windows 3.1	1992 年
Windows 3.11	1992 年
Windows 3.2	1994 年

（2）16/32 位混合操作系统

混合操作系统系列的 Windows 升级版本仍然需要依赖 16 位的 DOS 基层程序才能运行，不算是真正意义上的 32 位操作系统。这个系统由于使用了 DOS 代码，所以架构也与 16 位 DOS 一样，属于单核心系统。其之所以被称为混合操作系统，是由于该版本的 Windows 引入了部分 32 位操作系统的特性，具有一定的 32 位处理能力。混合操作系统可以视为微软将 MS-DOS 操作系统和早期 Windows 图形用户界面的集成出售，用户不需要单独购买 MS-DOS 即可运行 Windows 图形用户界面。混合操作系统系列包括 Windows 95（第一版发行于 1995 年，后来的改进版本发行于 1996 年和 1997 年），以及两个版本的 Windows 98（分别发行于 1998 年和 1999 年）。Windows 98 最终发展成为 Windows ME（Windows Millennium Edition）。Windows ME 也被认为是 Windows 2000 的低端仿制版本，适合于想体验新版 Windows 2000 但硬件配置不够的用户。16 位和 32 位混合操作系统发行版本与时间如表 3-2 所示。

表 3-2　16 位和 32 位混合操作系统发行版本与时间

版本	发行时间
Windows 95	1995 年
Windows 98	1998 年
Windows 98 Second Edition	1999 年
Windows Millennium Edition	2000 年

（3）32 位操作系统

32 位操作系统系列是 Windows NT 体系结构的操作系统，是真正的纯 32 位操作系统。Windows NT 架构操作系统不同于需要 DOS 基层程序的混合 16/32 位 Windows 9x，是完整独立的操作系统，32 位操作系统是为更高性能需求的商业市场编写的，其整体采用 Windows NT 架构。该系列操作系统采用混合式核心（改良式微核心）。32 位操作系统发行版本与时间如表 3-3 所示。

表 3-3　32 位操作系统发行版本与时间

版本	发行时间
Windows NT 3.1	1992 年
Windows NT 3.5	1994 年
Windows NT 3.51	1995 年
Windows NT 4.0	1996 年
Windows 2000	2000 年
Windows XP（32 位版本）	2001 年
Windows Vista（32 位版本）	2007 年

续表

版本	发行时间
Windows 7（32 位版本）	2009 年
Windows 8（32 位版本）	2012 年
Windows 8.1（32 位版本）	2013 年
Windows 10（32 位版本）	2015 年
Windows Server 2003（32 位版本）	2003 年
Windows Server 2008（32 位版本）	2008 年

（4）64 位操作系统

64 位 Windows NT 架构操作系统分为支持 Itanium（IA-64）架构和 X86-64 架构的两种不同版本。历史上，微软曾对两种不同的 64 位架构提供支持：由 Intel 公司和 HP 联合开发的，革新化的 Itanium 家族架构和 AMD 公司开发的演进化的 X86-64 架构。由于两种架构的核心设计思想不同，因此两种架构的操作系统和应用软件不具有互通性，但都对传统的 IA-32 架构软件在一定程度上提供支持。由于微软在发布 Windows Server 2012 R2 前放弃了对 Itanium 架构的支持，所以目前微软的 64 位产品仅支持 X86-64 架构，而在微软操作系统中其被称为 X64。

在微软发行的 64 位操作系统中，支持 Itanium 家族架构与 X64 架构的 Windows 产品如表 3-4 所示。

表 3-4　支持 Itanium 家族架构与 X64 架构的 Windows 产品

支持 Itanium 架构产品	支持 X64 架构产品
Windows 2000 Advanced/Datacenter Server Limited Edition	Windows XP Professional X64 Edition
Windows XP 64-bit Edition	Windows Server 2003（64 位版本）
Windows XP 64-bit Edition Version 2013	Windows Vista/7/8/8.1（64 位版本）
Windows Server 2003 Enterprise/Datacenter	Windows Server 2008/2008R2/2012/2012R2 全线产品
Windows Server 2008 for Itanium Based System	Windows 10（64 位版本）

2. 目前主流的 Windows 个人操作系统

根据 2019 年 12 月的市场统计数据，在目前的 Windows 个人版操作系统中，使用占比较高的是 Windows 7、Windows 8.1 和 Windows 10。

（1）Windows 7

Windows 7 于 2009 年 7 月 22 日发放给组装机生产商（OEM），零售版于 2009 年 10 月

23 日在中国发布。

Windows 7 是以加拿大滑雪圣地 Blackcomb 为开发代号的 Windows 操作系统。最初被计划为 Windows XP 和 Windows Server 2003 的后续版本。Blackcomb 计划的主要特性是强调数据的搜索查询和与之配套的名为 WinFS 的高级文件系统。在 2003 年，随着开发代号为 Longhorn 的过渡性简化版本的提出，Blackcomb 计划被延后。在 2003 年年中，Longhorn 具备了一些原计划在 Blackcomb 中出现的特性。2003 年，3 个在 Windows 操作系统上造成严重危害的病毒爆发后，微软改变了 Windows 的开发重点，一部分 Longhorn 上的主要开发计划被搁置，转而为 Windows XP 和 Windows Server 2003 开发新的服务包。2006 年年初，Blackcomb 被重命名为 Vienna，然后又在 2007 年改称为 Windows Seven。2008 年，微软宣布将 7 作为正式名称，继而确定了现在人们所知的最终名称——Windows 7。Windows 7 系统界面如图 3-1 所示。

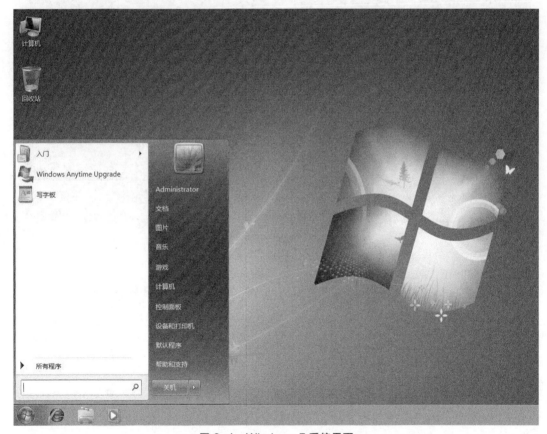

图 3-1　Windows 7 系统界面

（2）Windows 8.1

Windows 8.1 于 2013 年 8 月正式发布，并于 2013 年 10 月正式上线其零售版本。Windows 8.1 是由微软公司生产的，并作为 Windows NT 操作系统家族的一部分发布的个人计算机操作系统。Windows 8.1 增加的功能包括改进的"开始"屏幕、其他快照视图、其他捆绑的应用程序、更紧密的 OneDrive 集成、浏览器升级为 Internet Explorer 11 和由 Bing 支持的统一搜索系统等。Windows 8.1 还增加了对高分辨率显示器、3D 打印、Wi-Fi Direct 和 Miracast 等新兴技术的支持。Windows 8.1 系统界面如图 3-2 所示。

图 3-2　Windows 8.1 系统界面

（3）Windows 10

Windows 10 正式版本于 2015 年 7 月 29 日发行，并开放给符合条件的用户免费升级，不过 Windows 7、Windows 8 和 Windows 8.1 已于 2016 年 7 月 30 日关闭免费直接升级通道，而面向使用辅助技术的用户设置的 Windows 10 免费升级亦于 2017 年 12 月 31 日结束，之后升级就必须付费。

Windows 10 是一个由微软开发的操作系统，是 Windows 家族的最新成员，为 Windows 8.1 和 Windows Phone 8.1 的后继者，开发代号为 Threshold 和 Redstone。整个 Windows 产品系列（个人计算机、平板电脑、智能手机、嵌入式系统、Xbox One、Surface Hub 和 HoloLens 等）的操作系统可以共享一个通用的应用程序架构和 Windows 商店的生态系统。

Windows 10 引入微软所描述的"通用 Windows 平台（UWP）"，并将 Modern UI 风格

的应用程序扩充。这些应用程序可以在整个 Windows 产品系列的设备上运行。微软还为
Windows 10 设计了一个新的开始菜单，其中包含 Windows 7 的传统开始菜单元素与
Windows 8/8.1 的磁贴。Windows 10 还引入一个虚拟桌面系统，一个称为任务视图的任务
切换器，Microsoft Edge 浏览器，指纹、面部和虹膜识别登录，企业环境的新安全功能，以
及提升操作系统的游戏图形功能的 DirectX 12 和 WDDM 2.0。Windows 10 系统界面如图 3-3
所示。

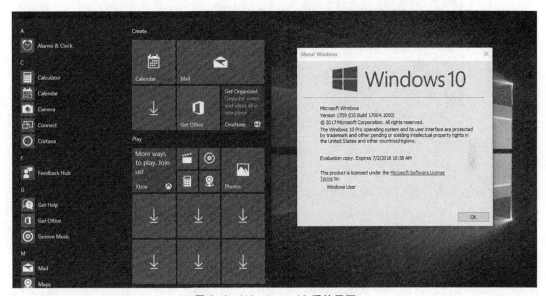

图 3-3　Windows 10 系统界面

3. 目前主流的 Windows 服务器操作系统

微软除推出个人版操作系统外，还推出了服务器版操作系统。根据 2019 年 12 月的市场
统计数据，目前在 Windows 服务器版本的操作系统中，使用占比较高的是 Windows Server
2008 R2 和 Windows Server 2012。

（1）Windows Server 2008 R2

Windows Server 2008 R2 是微软的一个服务器操作系统，于 2009 年 7 月 22 日发布，2009
年 10 月 22 日发售。其使用的内核为 Windows NT 6.1，使用同样内核的还有 Windows 7。
Windows Server 2008 R2 是微软第一个仅支持 64 位的操作系统，也是微软最后一款支持
Itanium 的操作系统。Windows Server 2008 R2 操作系统界面如图 3-4 所示。

（2）Windows Server 2012

Windows Server 2012 代号为"Windows Server 8"，是 Windows Server 的第 5 个版本，它
与 Windows 8 使用相同的内核。其在开发过程中发布了两个预发布版本，即开发人员预览版
和 Beta 版。Windows Server 2012 于 2012 年 9 月 4 日正式发布。

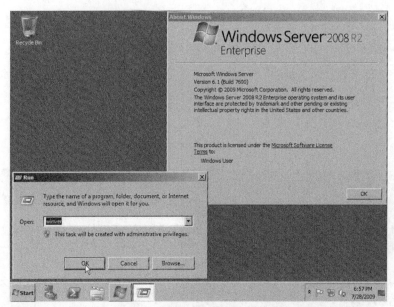

图 3-4　Windows Server 2008 R2 操作系统界面

与之前的版本不同，Windows Server 2012 不支持基于 Itanium 的计算机，并且有 4 个版本。Windows Server 2012 在 Windows Server 2008 R2 的基础上添加或改进了各种功能，其中许多功能着重于云计算，如 Hyper-V 的更新版本、IP 地址管理角色、Windows Task Manager 的新版本和 ReFS。尽管 Windows Server 2012 包含与 Windows 8 中相同的基于 Metro 的有争议用户界面，但 Windows Server 2012 仍然获得了良好的评价。Windows Server 2012 操作系统开始界面如图 3-5 所示。

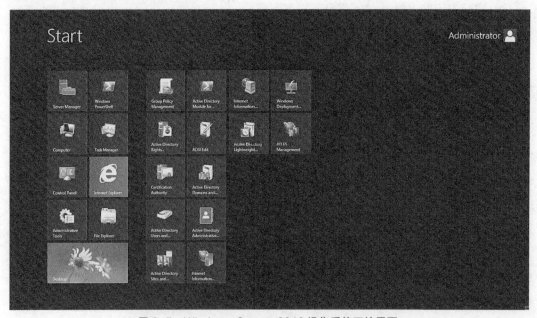

图 3-5　Windows Server 2012 操作系统开始界面

3.1.2　Linux

Linux 是一种自由和开放源码的类 UNIX 操作系统。该操作系统的内核由林纳斯·本纳第克特·托瓦兹（Linus Benedict Torvalds）在 1991 年 10 月 5 日首次发布，在加上用户空间的应用程序之后，就成为 Linux 操作系统。Linux 也是自由软件和开放源代码软件发展中最著名的例子。只要遵循 GNU 通用公共许可证（GPL），任何个人和机构都可以自由地使用 Linux 的所有底层源代码，也可以自由地修改和再发布。

1．发展历程

托瓦兹在赫尔辛基大学上学时，对操作系统很好奇。他对 MINIX（一款迷你版本的类 UNIX 操作系统）只被允许在教育上使用很不满，于是他便开始编写自己的操作系统，并在 MINIX 上开发出了一个名叫 Freax 的系统内核。Freax 当时仅仅只有 10 000 行代码，运行需要依赖 MINIX，且必须使用硬盘引导。后来托瓦兹的同事觉得 Freax 的名字不好听，在没有征得托瓦兹同意的情况下，把名字修改成了 Linux。而托瓦兹也觉得 Linux 这个名字比 Freax 更好，于是这个系统内核的名字就定为了 Linux。

只要是与原项目使用相同的发布协议，使用 GNU GPL 协议的源代码即可以被其他项目所使用。因此，1992 年，托瓦兹决定用 GNU GPL 协议来代替之前的协议，以便 Linux 可以在商业上使用，至此 Linux 的第一个发行版本诞生。

2．主流发行版本及其应用领域

直至今天，Linux 系统在嵌入式系统、超级计算机、各种各样的服务器、家庭与企业台式机中的使用率都仍在增长。目前市面上常见的 Linux 发行版本有 Debian、CentOS、Ubuntu、Red Hat、EulerOS 等。

多数 Linux 发行版本会替用户预先集成 Linux 操作系统及各种应用软件，用户不需要重新编译，系统直接安装后，只需要小幅度更改设置即可使用，Linux 通常通过软件包管理系统进行应用软件的管理。Linux 发行版本通常包含了桌面环境、办公包、媒体播放器、数据库等应用软件。这些不同版本的操作系统一般由 Linux 内核、来自 GNU 计划的大量函数库和基于 X Window 的图形界面组成。有些发行版本考虑到容量大小没有预装 X Window，而使用更加轻量级的软件，如 busybox、uclibc 和 dietlibc。现在有超过 300 个 Linux 发行版本，包括华为自研的 EulerOS 系统，其中大部分正处于不断改进的开发过程中。

由于大多数软件包是自由软件和开源软件，所以 Linux 发行版本的形式多种多样，如功能齐全的桌面系统和服务器版操作系统，或小型系统。除一些定制软件外，发行版通常只是将特定的应用软件安装在许多函数库和内核上，以满足特定用户的需求。

目前市场上主流的 Linux 发行版本按照打包方式划分主要分为 Debian 系、Red Hat 系和

Slackware系，用户可以根据适合自己的使用场景、应用领域选择使用不同的发行版。主要发行版本与其应用场景如表 3-5 所示。

表 3-5　Linux 主要发行版本与其应用场景

发行版	基础发行版	应用场景
CentOS	Red Hat 系	服务器
Fedora	Red Hat 系	通用场景
Red Hat	Red Hat 系	服务器
Red Hat Enterprise Linux	Red Hat 系	服务器
EulerOS	Red Hat 系	服务器
Debian	Debian 系	通用场景
Ubuntu	Debian 系	桌面
Slackware	Slackware 系	服务器
Kate OS	Slackware 系	服务器
Zenwalk Linux	Slackware 系	服务器

3.2　脚本开发环境 Python

Python 是一种面向对象的、解释型的通用计算机程序设计语言。它以对象为核心组织代码，支持多种编程范式，采用动态类型，自动进行内存回收。它既具有强大的标准库，也拥有丰富的第三方扩展包。

【微课视频】

目前，Python 已经进入到 3.x 的时代。由于 Python 3.x 向后不兼容，所以许多利用 Python 2.x 开发的第三方包在 3.x 版本中无法使用。从 2.x 到 3.x 的过渡是一个漫长的过程。

现在，Python 已经成为最受欢迎的程序设计语言之一，它在 TIOBE 编程语言排行榜中的名次不断上升，在 2020 年 1 月，其排名已升至第 3 位。

3.2.1　Python 发展史

Python 早期始于阿姆斯特丹一家名为 CWI 的研究机构。Python 是吉多·范罗苏姆（Guido van Rossum）在 CWI 工作的经验产物。吉多·范罗苏姆对编程语言语法的品味受到了 Algol 60、Pascal、Algol 68 以及 ABC 等语言的强烈影响。由于吉多·范罗苏姆在 ABC 语言上投入 4 年的时间，因此，他决定设计一种语言，可以从 ABC 语言中借用他所喜欢的一切内容，同时解决所有的问题。这就是 Python 语言的由来。

Python 这个名字来自吉多·范罗苏姆所挚爱的电视剧《蒙提·派森的飞行马戏团》(*Monty Python's Flying Circus*)。随着命名问题的解决,吉多·范罗苏姆在 1989 年 12 月下旬开始了 Python 的开发工作,并在 1990 年的前几个月推出了一个工作版本。在 1990 年,这个早期版本的 Python 被 CWI 的许多人使用。除了吉多·范罗苏姆自己,吉多·范罗苏姆的同事、程序员舒尔德·米伦德尔(Sjoerd Mullender)和雅克·扬森(Jack Jansen)都是主要的开发人员。1991 年 2 月 20 日,吉多·范罗苏姆在 alt.sources 新闻组中首次向全世界发布了 Python,这个发布版本被标记为 0.9.0。吉多·范罗苏姆认为 ABC 语言没有取得成功的原因是 ABC 语言过于封闭,没有进行开放。因此,在 Python 语言问世时,吉多·范罗苏姆在互联网上公开了源代码,并获得了非常好的效果。随着源代码的公开,更多热爱编程、喜欢 Python 的程序员开始对 Python 不断地进行功能完善。在全世界程序员不断的改进和完善下,Python 现今已经成为最受欢迎的程序设计语言之一。

3.2.2　Python 语言特性

Python 是一门易读、易维护的语言,被广大编程人员所喜欢。它的适用性强,用途广泛,无论是初学者还是具备一定编程经验的程序员,都可以快速上手使用。吉多·范罗苏姆的设计哲学就是要让 Python 程序具有良好的可阅读性,就像是在读英语一样,尽量让开发者能够专注于解决问题,而不是去搞明白语言本身。

Python 是面向对象的高级语言,并且 Python 同时支持面向过程的编程和面向对象的编程,只是程序内容有所不同。在使用 Python 语言编写程序时,用户无须像使用 C 语言那样考虑内存回收等底层细节问题。

Python 语言是免费且开源的,是自由/开放源码软件(Free/Libre and Open Source Software,FLOSS)之一。免费并开源的 Python 使使用者能够毫无限制地阅读它的源代码、对软件源代码进行更改或者应用到新的开源软件中,这让它得到更好的维护和发展。

Python 是解释性语言。Python 语言编写的程序不需要编译成二进制代码,而是通过解释器直接解释源代码来运行。

Python 程序编写需要使用规范的代码风格。吉多·范罗苏姆设计 Python 时采用强制缩进的方式,让代码的可读性更高。此外,PEP8 代码编写规范也是 Python 的开发者非常乐于遵从的标准之一。

Python 是可扩展和可嵌入的。在 Python 程序想要加快一段关键代码运行或者某些算法不便公开时,可以选择使用 C 或 C++来编写关键部分,将该部分编译成二进制的库,然后在 Python 程序中调用即可。

Python 是可移植的。由于 Python 是开源的解释性语言,它已经可以移植到大多数操作系统中并顺畅运行，这些操作系统包括常见的 Linux、Windows、macOS 和移动客户端的 Android 等。

Python 提供了丰富的库。Python 的标准库很庞大，可以帮助处理各种工作，处理包括正则表达式、单元测试、网页浏览器和其他与系统有关的操作。除标准库外，Python 还有许多其他高质量的库，如 wxPython、Twisted 和 Python 图像库等。

3.2.3　Python 应用领域

Python 因功能强大，并且简单易学而广受好评，Python 的应用领域概括起来主要有以下几个方面。

1．Web 开发

使用 Python 的一个基本应用就是进行 Web 开发。在国内，使用 Python 进行基础设施建设的公司有豆瓣、知乎、美团、饿了么和搜狐等。在国外，Google 在其网络搜索系统中广泛应用了 Python。此外，YouTube 视频分享服务的大部分功能也是用 Python 编写的。

2．大数据处理

随着近几年大数据的兴起，Python 也出现了前所未有的爆发。Python 借助第三方的大数据处理框架可以很容易地开发出大数据处理平台。到目前为止，Python 是金融分析、量化交易领域里使用较多的语言。例如，美国银行利用 Python 语言开发出了新产品与基础设备的接口，用于处理金融数据。

3．人工智能

Python 作为一门脚本语言，非常适合用于人工智能（Artificial Intelligence，AI）领域，因为使用 Python 比使用其他编程语言有更大的优势，如简单、快速、可扩展（主要体现在可以应用多个优秀的人工智能框架）等。

4．自动化运维开发

掌握一门开发语言已经成为高级运维工程师的必备技能。Python 是一门简单、易学的脚本语言，能满足大部分自动化运维的需求。

5．云计算

Python 可以在科学计算领域发挥独特的作用。通过强大的支持模块，Python 可以在计算大型数据、矢量分析、神经网络等方面高效率地完成工作，尤其是在教育科研方面，可以发挥出独特的优势。从 1997 年开始，NASA 就在大量使用 Python 进行各种复杂的科学运算，并开发了一套云计算软件，取名为 OpenStack（开放协议栈），并且对外公开发布。

6．爬虫

随着近几年大数据的兴起，爬虫应用被提升到前所未有的高度。多数数据分析挖掘公司都以网络爬虫的方式得到不同来源的数据集合，随后构建属于自己的大数据综合平台。在爬虫领域，Python 几乎处于霸主地位。

7. 游戏开发

通过 Python 可以编写出非常棒的游戏程序。例如，知名游戏 *Sid Meier's Civilization*（《文明》）即是用 Python 编写的。此外，在网络游戏开发中 Python 也有很多应用，它可作为游戏脚本内嵌在游戏中，这样做的好处是既可以利用游戏引擎的高性能，又可以享受脚本化开发的快捷与方便。

3.3 其他依赖

智能计算平台开发除系统、编程语言外，还需要一些应用软件，如开发工具、数据存储软件和软件服务器等，主要包括常用的开发工具包 JDK，常用的数据库软件 MySQL、GaussDB、MongoDB，常用的 ETL 工具 Kettle，常用的软件服务器 Nginx 等。

3.3.1 JDK

【微课视频】

Sun 公司提供了一套 Java 开发环境，简称 JDK（Java Development Kit）。它是整个 Java 的核心，包括 Java 编译器、Java 运行工具、Java 文档生成工具、Java 打包工具等。

为了满足用户日新月异的需求，JDK 的版本在不断升级。在 1996 年 1 月，Sun 公司发布了 Java 的第一个开发工具包 JDK 1.0，随后相继推出了 JDK 1.1、JDK 1.2、JDK 1.3、JDK 1.4、JDK 5（1.5）、JDK 6（1.6）、JDK 7（1.7）、JDK 8（1.8）、JDK 9（1.9）和 JDK 10。JDK 9 是在 2017 年 9 月发布的版本，JDK 10 是在 2018 年 3 月发布的版本，这两个版本目前并不稳定，且市场使用率低。

Sun 公司除了提供 JDK，还提供了一种 JRE（Java Runtime Environment）工具，它是 Java 运行环境，是提供给普通用户使用的。由于普通用户只需要事先编译好的 Java 程序，不需要自己动手编写，因此 JRE 工具中只包含 Java 运行工具，不包含 Java 编译工具。值得一提的是，为了方便使用，Sun 公司在 JDK 工具中自带了一个 JRE 工具，这意味着开发环境中包含了运行环境。这样一来，开发人员只需在计算机中安装 JDK 工具即可，而不需要专门安装 JRE 工具。

JDK 提供了丰富的开发工具，主要包括以下 6 个。

（1）javac。Java 源程序编译器，将 Java 源代码转换成字节码。

（2）jar。Java 应用程序打包工具，将相关的类文件合并成单个 JAR 归档文件。

（3）javadoc。Java API 文档生成器，从 Java 源程序代码注释中提取文档。

（4）jdb。Java 调试器，可以逐行执行程序、设置断点。

（5）java。Java 解释器，可以直接从类文件中执行 Java 应用程序的字节代码。

（6）appletviewer。Applet 解释器，用于解释和运行 Java 应用小程序。

3.3.2　MySQL

MySQL 是用 C 和 C++编写的开源关系数据库管理系统（Relational Database Management System，RDBMS）。MySQL 的名称是联合创始人米卡埃尔·维德纽斯（Michael Widenius）的女儿的名字"My"和结构化查询语言（Structured Query Language）的缩写"SQL"的组合。根据 GNU GPL，MySQL 是免费的开源软件，可以在各种专有许可证下使用。MySQL 最初由瑞典 MySQL AB 公司拥有和赞助，该公司后来被 Sun 公司收购。2010 年，当 Oracle 公司收购 Sun 公司时，维德纽斯公布了根据开源 MySQL 项目创建的 MariaDB。

【微课视频】

MySQL 是构成 LAMP Web 应用程序软件堆栈的一个组件，LAMP 是 Linux、Apache、MySQL、Perl/PHP/Python 的首字母缩写。许多数据库驱动的 Web 应用程序都使用 MySQL，包括 Drupal、Joomla、phpBB、WordPress 等。许多网站也使用 MySQL，包括 Facebook、Flickr、MediaWiki、Twitter 和 YouTube。

1. MySQL 的特点

（1）MySQL 是开源产品，可以自由下载使用。

（2）MySQL 的核心程序采用完全的多线程编程。线程是轻量级的进程，它可以灵活地为用户提供服务而不占用过多的系统资源。

（3）MySQL 可运行在不同的操作系统下。MySQL 可以支持 Windows、Linux、UNIX 和 SunOS 等多种操作系统平台。这意味着在一个操作系统中实现的应用可以很方便地移植到其他操作系统中。

（4）MySQL 支持大型的数据库处理。可以方便地处理上千万条记录。作为一个开放源代码的数据库，MySQL 可以针对不同的应用进行相应的修改。

（5）MySQL 具有高效稳定的性能。MySQL 拥有快速、稳定、基于线程的内存分配系统，可以持续使用，且不必担心稳定性。

（6）MySQL 拥有强大的查询功能。MySQL 支持查询功能中的 SELECT 和 WHERE 语句所使用的全部运算符和函数，并且可以在同一查询中混用来自不同数据库的表，从而使查询变得快捷而方便。

（7）MySQL 具有较高的安全性。MySQL 拥有十分灵活和安全的权限和密码系统，允许基于主机的验证。当客户连接到服务器时，所有的密码传输均采用加密的形式，保证了密码安全性。

（8）多种应用程序支持。MySQL 具有 C、C++、Java、PHP 和 Python 等多种编程语言和 API 的支持。

（9）多用户支持。MySQL 可以有效地满足 50～1 000 个并发用户的访问，并且在超过 600 个用户的限度下，MySQL 的性能并不会有明显的下降。

MySQL 除本身具有的特征外，与其他数据库相比也具有相对优势。与 Oracle、DB2、SQL Server 等大型数据库管理系统（Database Management System，DBMS）相比，MySQL 具有免费、小巧、查询快速的特点，适用于一般中、小型甚至大型企业。与同属开放源代码的数据库系统 PostgreSQL 相比，MySQL 的优势更为突出：MySQL 是由成熟的商业公司开发的，比 PostgreSQL 更流行；查询速度比 PostgreSQL 快许多；MySQL 的工作级是线程，而 PostgreSQL 的工作级是进程；MySQL 在权限系统上比 PostgreSQL 更为完善。

2. MySQL 的应用场景

MySQL 是目前世界上最流行的开源关系型数据库之一。在国内，MySQL 被大量应用于互联网行业，例如，人们所熟知的百度、腾讯、阿里、京东、网易、新浪等都在使用 MySQL。搜索、社交、电商、游戏后端的核心存储往往都是 MySQL，有的公司具有上千台甚至几千台 MySQL 数据库主机。近年来，随着业务的发展，互联网公司产生了许多成熟的架构和技术，这也促使 MySQL 变得更加成熟和稳健。

MySQL 的应用并未局限于互联网应用，许多软件开发商也把 MySQL 集成到了自己的产品中，这样一来，传统行业的公司也都可以在企业内部大量使用 MySQL 存储企业数据（如政府信息系统）。MySQL 的定位是通用的数据库，各种类型的应用一般都能利用 MySQL 存取数据的优势。业内生产实践也证明，MySQL 更适合中小型数据库、联机事务处理过程（On-Line Transaction Processing，OLTP）业务，以目前的软硬件产品水平来看，如果单机数据超过几个 TB，那么将难以高效利用 MySQL。MySQL 可以作为传统的关系型数据库产品使用，也可以作为一个 key-value（键-值）产品使用，由于 MySQL 具有优秀的灾难恢复功能，因此相对于目前市场上的一些 key-value 产品会更有优势。

3.3.3　GaussDB

华为 GaussDB 是一个企业级的 AI-Native（人工智能原生）分布式数据库，它使用了大规模并行处理（MPP）架构。GaussDB 支持面向行和列的存储，能够处理 PB 级的数据。GaussDB 提供了一个低成本、通用的计算平台来管理大量的数据集，并与广泛的数据仓库系统、商业智能（BI）系统和决策支持

【思政拓展】

系统（DSS）兼容。华为 GaussDB 将 AI 技术集成到数据库内核架构和算法中，为用户提供了性能更高、可用性更高、计算能力更多样化的分布式数据库。

GaussDB 分为事务型数据库 GaussDB 100 和分析型数据库 GaussDB 200。GaussDB 100 是一款企业级的高性能、高可用、分布式关系型数据库。其突破了单机数据库存储容量和性能的瓶颈，解决了业务互联网化带来的峰值流量访问问题。

GaussDB 100 数据库有以下几个优点。

（1）企业级多版本并发控制（Multi-Version Concurrency Control，MVCC），单机百万 tpmC（每分钟处理交易量），长期高压运行性能无抖动。

（2）支持数据闪回和回收站，避免误操作带来的数据丢失。

（3）支持物理备份和恢复（PITR），支持双机冷热备份。

（4）兼容 SQL2003 标准，高度支持 Oracle、MySQL 语法。GuassDB 100 使用标准驱动/SQL 语法，应用开发人员学习成本低，从而缩短了新业务开发周期。并且，GuassDB 100 还高度兼容主流数据库对象和语法，对常用的 Oracle 语法兼容性较高，应用时代码改动少，应用迁移的周期短。

GaussDB 200 是面向海量数据分析的并行数据库，是架构领先的 MPP 数据库，提供数据库基本能力，具备高性能、高可靠性、易用性且高扩展性。

GaussDB 200 数据库有以下几个优点。

（1）数据节点使用高可用性集群（High Available，HA）保护，多个节点故障不中断服务。

（2）扩容过程中查询业务不中断，数据入库不中断。

（3）列存与向量化计算支撑 PB 级数据的深度分析和挖掘。

（4）并行 BulkLoad 技术，提供每小时 10TB 级的加载性能。

（5）具有可扩展性。无共享结构提供按需横向扩展能力。

（6）兼容 ANSI SQL 标准，应用能够快速迁移或上线。

3.3.4　MongoDB

MongoDB 是用 C++语言编写的、跨平台的、面向文档的开源数据库。MongoDB 可以应用于各种规模的企业、各个行业以及各类应用程序。作为一个适用于快速开发的数据库，MongoDB 的数据模式可以随着应用程序的发展而灵活地更新。与此同时，MongoDB 也为开发人员提供传统数据库的功能：二级索引、完整的查询系统和严格一致性等。MongoDB 能够使企业更加具有敏捷性和可扩展性，各种规模的企业都可以通过使用 MongoDB 来创建新的应用，提高工作效率，加快产品上市，以及降低企业成本。

MongoDB 是针对可扩展性、高性能和高可用性等特点而设计的数据库。它可以从单服务器部署扩展到大型、复杂的多数据中心架构。利用内存计算的优势，MongoDB 能够提供高性能的数据读写操作。MongoDB 的本地复制和自动故障转移功能使应用程序具有企业级的可靠性和操作灵活性。

1. MongoDB 的特点

MongoDB 的特点如下。

（1）数据文件存储格式为 BSON（一种 JSON 式扩展）。键值对组成了 BSON 格式。

（2）面向集合存储，易于存储对象类型和 JSON 形式的数据。集合（collection）类似于一张表格，区别在于集合没有固定的表头。

（3）模式自由。一个集合可以存储一个键值对的文档，也可以存储多个键值对的文档，还可以存储键不一样的文档，而且在生产环境下可以轻松增减字段而不影响现有程序的运行。

（4）支持动态查询。MongoDB 支持丰富的查询表达式，查询语句使用 JSON 形式作为参数，可以很方便地查询内嵌文档和对象数组。

（5）完整的索引支持。文档内嵌对象和数组都可以创建索引。

（6）支持复制和故障恢复。MongoDB 数据库支持从节点复制主节点的数据，主节点所有对数据的操作都会同步到从节点，从节点的数据和主节点的数据是完全一样的，以作备份。当主节点发生故障之后，从节点可以升级为主节点，也可以通过从节点对故障的主节点进行数据恢复。

（7）二进制数据存储。MongoDB 使用传统高效的二进制数据存储方式，可以将图片甚至视频文件转换成二进制的数据存储到数据库中。

（8）自动分片。自动分片功能支持水平的数据库集群，可动态添加机器。分片能够实现海量数据分布式存储，通常与复制集配合起来使用，实现读写分离、负载均衡，选择片键是实现分片功能的关键。

（9）支持多种语言。MongoDB 支持 C、C++、C#、JavaScript、Java、Perl、PHP、Python、Ruby、Scala 等开发语言。

（10）MongoDB 使用的是内存映射存储引擎。MongoDB 会把磁盘 I/O 操作转换成内存操作：如果是读操作，那么内存中的数据起到缓存的作用；如果是写操作，那么内存还可以把随机的写操作转换成顺序的写操作。总之，可以大幅度提升性能。但缺点是，MongoDB 占用的内存量无法方便地进行控制，事实上 MongoDB 会占用所有能用的内存，所以最好不要把别的服务和 MongoDB 放在一起。

2. MongoDB 的应用场景

MongoDB 适用于以下场景。

（1）网站数据。MongoDB 非常适合于实时插入、更新和查询数据，并具备网站实时数据存储所需的复制能力及高度伸缩性。MongoDB 非常适用于迭代更新快、需求变更多、以对象数据为主的网站应用。

（2）缓存。由于 MongoDB 是内存型数据库，性能很高，其也适合作为信息基础设施的缓存层。在系统重启之后，由 MongoDB 搭建的持久化缓存可以避免下层的数据源过载。

（3）大尺寸、低价值的数据。使用传统的关系型数据库存储一些数据会比较麻烦，首先需要创建表格，再设计数据表结构，进行数据清洗，得到有用的数据，最后将数据按格式存入表格中；而 MongoDB 可以随意构建一个 JSON 格式的文档，并将其保存，之后再进行处理。

（4）高伸缩性的场景。如果网站数据量非常大，即将超过一台服务器能够承受的范围，那么 MongoDB 可以胜任网站对数据库的需求，其可以轻松地将网站数据自动分片到数十甚至数百台服务器。

（5）用于对象及 JSON 数据的存储。MongoDB 的 BSON 数据格式非常适合文档的格式化存储及查询。

3.3.5 Kettle

ETL（Extract-Transform-Load）是指数据抽取、转换和装载的过程。在行业应用中，经常需要对各种数据进行处理、转换和迁移，熟悉并掌握一种 ETL 工具的使用，是智能计算从业者应该具备的一项技能。Kettle 是业界最常用的 ETL 工具之一，广受用户的欢迎和使用。

Kettle 是 PDI（Pentaho Data Integration）的前身，由于 Kettle 已经被广大开发者接受，所以从业者都习惯性地把 PDI 也称为 Kettle。Kettle 是"Kettle E.T.T.L. Environment"首字母的缩写，表示抽取、转换、装入和加载数据，翻译成中文是水壶的意思，可理解为希望把各种数据放到一个壶里，像水一样，以一种指定的格式流出，表达数据流的含义。

Kettle 的主要作者是马特·卡斯特（Matt Casters），他在 2003 年就开始了 Kettle 工具的开发。Kettle 在 2006 年年初被 Pentaho 公司收购，并正式命名为 Pentaho Data Integration，之后 Kettle 的发展速度越来越快，关注 Kettle 的人也越来越多。2017 年 9 月 20 日，Pentaho 被日本日立集团下的新公司 Hitachi Vantara 合并。

目前，Kettle 工具包括 4 个子产品：SPOON、PAN、CHEF、KITCHEN，分别介绍如下。

（1）SPOON 是 Kettle 使用图形设计 ETL 转换工程的工具，使用 SPOON.BAT 批处理文件启动 SPOON，通过图形界面来设计 ETL 转换过程。

（2）PAN 是一个命令行执行工具，用于执行转换。用户编写命令行参数，批量运行由 SPOON 设计的 ETL 转换。PAN 是一个后台执行的批处理程序，以命令行方式执行转换，没有图形界面。

（3）CHEF 是 Kettle 使用图形设计 ETL 任务的工具，使用 CHEF.BAT 批处理文件启动

CHEF，通过图形界面来设计 ETL 任务。

（4）KITCHEN 是一个命令行执行工具，用于执行任务。用户编写命令行参数，批量运行由 CHEF 设计的 ETL 任务。KITCHEN 也是一个后台运行的批处理程序，以命令行方式执行任务。

1. Kettle 的特点

Kettle 的特点如下。

（1）Kettle 是免费的开源软件。Kettle 是一款纯 Java 编写的开源 ETL 工具，对商业用户没有限制。

（2）容易配置，支持多平台。可以在 Windows、Linux、UNIX 上运行，不需要安装，数据抽取高效稳定。

（3）图形化界面操作。图形化流程式的设计和界面操作，让用户十分容易上手和使用，用户无须编写代码就能实现对数据的各种处理操作。

（4）全面的数据访问和支持。Kettle 允许用户管理不同类型的数据，如 Excel、CSV、TXT 等文本文件数据，以及 MySQL、Oracle、Postgres 和 SQL Server 等数据库的数据等。Kettle 还提供图形化的用户操作环境，来实现用户对数据的操作和管理。

（5）提供基础数据转换和工作流控制。Kettle 中有两种脚本文件，即 Transformation（转换）和 Job（作业任务），Transformation 完成针对数据的基础转换和复杂的数据处理等，Job 则完成对整个工作流的控制。

（6）具有定时功能。Job 中的 Start 模块可以以每日或每周等方式设置定时执行任务。

（7）具有社区的支持。Kettle 是开源软件工具，在 Kettle 的使用、疑难问题的解决、软件版本和维护等方面，Kettle 社区提供了强大的帮助和支持。

2. Kettle 的应用场景

Kettle 是 ETL 的常用工具之一，ETL 属于偏底层的数据基础性工作，应用场景很多。从模式上划分，Kettle 主要有以下几种应用场景。

（1）表视图模式。在同一网络环境下，对各种数据源的表数据进行抽取、过滤、清洗等，如历史数据同步、异构系统数据交互、数据发布或备份等。

（2）前置机模式。是典型的数据交换应用场景，以数据交换的 A 和 B 方为例，A 和 B 双方的网络不通，但是 A 和 B 都可以与前置机 C 进行连接，双方约定好前置机的数据结构，这个结构与 A 和 B 的数据结构基本上是不一致的，用户要把应用上的数据按照数据标准推送到前置机上。依此类推，同样可以处理三方及以上的数据交换。

（3）文件模式。以数据交换的 A 和 B 方为例，A 和 B 双方在物理上完全隔离，只能通过文件的方式来进行数据交互。文件类型有多种，如 TXT、Excel、SQL 和 CSV 等类型，在 A 方应用中开发一个接口用于生成标准格式的 CSV 文件，然后用 U 盘或其他介质在某一时间复制文件，将其传入到 B 方的应用上，在 B 方上按照标准接口解析相应的文件，并把数据接收过来。依此类推，同样可以处理三方及以上的文件。

ETL 的数据处理过程主要包括数据初始化、数据迁移、数据同步、数据清洗、导入/导出等，从过程上划分，Kettle 有以下 5 种应用场景。

（1）数据初始化。数据初始化是指导入基础类数据，这时的数据源可能有多种，如文本文件数据、从其他数据库中获取的数据、从 Web 服务中获取的数据等，经过处理后将数据写入目标数据库中。初始化场景的关注点在于多种数据源。

（2）数据迁移。把某些数据转移至另一个或几个地方。

（3）数据同步。数据同步是指将数据准实时（较短时间内）同步到另一供查询或统计的数据库中。

（4）数据清洗。强调的是数据清洗的过程，数据会经过校验、去重、合并、删除、计算等处理。

（5）导入/导出。把处理后的数据导入或导出到数据库或者文件中。

3.3.6　Nginx

Nginx 是一款轻量级网页服务器、反向代理服务器以及电子邮件（POP3/IMAP）代理服务器。Nginx 是一个安装非常简单，配置文件非常简洁（还能够支持 Perl 语法），错误非常少的服务器。该软件由伊戈尔·赛索耶夫（Igor Sysoev）创建并于 2004 年首次公开发布。2011 年 Nginx 公司成立以提供支持。2019 年 3 月 11 日，Nginx 公司被 F5 Networks 公司以 6.7 亿美元收购。Nginx 是免费的开源软件，根据类 BSD 许可证的条款发布。大部分 Web 服务器使用 Nginx 作为负载均衡器。

Nginx 起初是供俄罗斯的大型门户网站及搜索引擎 Rambler 使用的。该软件可以运行在 UNIX、Linux、BSD、macOS X、Solaris 和 Windows 等操作系统中。相对于 Apache、Lighttpd，Nginx 具有占用内存少、稳定性高等优点，并且因并发能力强、具有丰富的模块库和友好灵活的配置而闻名。在 Linux 操作系统中，Nginx 使用 epoll 事件模型，效率较高。同时，Nginx 在 OpenBSD 或 FreeBSD 操作系统上采用类似于 epoll 的高效事件模型 kqueue。

Nginx 能够支持高达 5 万个并发连接数的响应，在高连接并发的情况下，Nginx 是 Apache 服务器不错的替代品。Nginx 优秀的高并发支持和高效的负载均衡是用户选择它的理由，目前国内有众多的知名企业使用 Nginx，如新浪、网易、腾讯等公司。Nginx 作为负载均衡服务器，既可以在内部直接支持 Rails 和 PHP 程序对外提供服务，也可以作为 HTTP 代理服务器对外提供服务。Nginx 采用 C 语言编写，不论是系统资源开销还是 CPU 使用效率都比 Perlbal 服务器好。

1．Nginx 的特点

Nginx 的主要特点有以下 6 点。

（1）Nginx 使用异步事件驱动的方法来处理请求。Nginx 具有模块化事件驱动架构，可以在高负载下提供更可预测的性能。

（2）Nginx 是一款面向性能设计的 HTTP 服务器。与旧版本（2.2 版本之前）的 Apache 不同，Nginx 充分使用异步逻辑，从而削减了上下文调度开销，所以并发服务能力更强。Nginx 整体采用模块化设计，有丰富的模块库和第三方模块库，配置灵活。

（3）调度灵活。Nginx 工作在网络协议栈的第 7 层，能够对 HTTP 应用请求进行解析和分流，支持比较复杂的正则规则，具有更优化的负载调度效果。

（4）网络依赖性低。Nginx 对网络的依赖程度非常低，如果能与目标计算机进行网络连接且相通，那么其可以实施负载均衡，而且可以有效地区分内网和外网流量。

（5）支持服务器检测。Nginx 能够根据应用服务器处理页面返回的状态码、超时信息等，检测服务器是否出现故障，并及时将返回错误的请求重新提交到其他节点上。相较于 LVS（Linux 虚拟服务器），Nginx 主要用于网络协议栈第 7 层的调度，在灵活性和有效性方面更具优势，同时它对服务器健康状态的检测也避免了用户访问过程中的连接断线。但是，由于网络第 7 层信息处理的复杂度，Nginx 在负载能力和稳定性方面与 LVS 相比有较大的差距。另外，Nginx 目前只支持 HTTP 应用和 E-mail 应用，在应用场景上不如 LVS 丰富，也不具备现成的双机热备方案。总体而言，实际场景中可以考虑结合使用 LVS 和 Nginx，将 LVS 部署在前端用于处理第 4 层的负载均衡，当需要更细节的负载调度时，再启用 Nginx 以优化调度效果。

（6）可大量并行处理。Nginx 在官方测试的结果中，能够支持 5 万个并行连接，而在实际的运作中，可以支持 2 万至 4 万个并行连接。

2．Nginx 的应用场景

Nginx 的应用场景如下。

（1）HTTP 服务器。Nginx 可以独立提供 HTTP 服务，用作网页静态服务器。

（2）虚拟主机。可以实现在一台服务器上虚拟出多个网站，如个人网站使用的虚拟主机。

（3）反向代理。当网站的访问量达到一定程度后，单台服务器不能满足用户的请求，需要用多台服务器集群，可以使用 Nginx 进行反向代理。并且多台服务器可以平均分担负载，不会因为某台服务器负载高而宕机，导致出现某台服务器闲置的情况。

3.4 小结

本章介绍了 Windows 操作系统的发展历程，以及对应的个人操作系统、服务器操作系统的版本；说明了 Linux 操作系统的发展历程、主流发行版本及其应用领域；阐述了脚本开发环境 Python 的发展史、语言特性和应用领域。同时，本章还介绍了智能计算开发平台需要的一些其他依赖，包括常用的开发工具包 JDK，常用的数据库软件 MySQL、GaussDB、MongoDB，常用的 ETL 工具 Kettle，以及常用的软件服务器 Nginx。

3.5 习题

（1）关于操作系统，以下选项描述不正确的是（　　　　）。

    A．操作系统是对软件系统的首次扩充

    B．操作系统是计算机的核心与基石

    C．操作系统是配置在计算机硬件上的第一层软件

    D．汇编程序、编译程序、数据库管理系统等应用软件都依赖于操作系统的支持

（2）关于 Python，以下选项描述正确的是（　　　　）。

    A．Python 语言不支持面向对象　　　　B．Python 是解释型语言

    C．Python 是编译型语言　　　　　　　D．Python 语言是非开源语言

（3）关于 MySQL，以下选项描述错误的是（　　　　）。

    A．MySQL 可运行在不同的操作系统下

    B．MySQL 拥有强大的查询功能

    C．MySQL 是非开源产品，不支持自由下载使用

    D．MySQL 具有高效稳定的性能

（4）关于 MongoDB，以下选项描述错误的是（　　　　）。

    A．MongoDB 支持动态查询

    B．MongoDB 不支持复制和故障恢复

    C．MongoDB 使用二进制数据存储方式

    D．MongoDB 支持多种语言

（5）关于 Kettle，以下选项描述不正确的是（　　　　）。

    A．Kettle 可以以每日或每周等方式设置定时执行任务

    B．Kettle 是免费的开源软件

    C．Kettle 容易配置，支持多平台

    D．Kettle 是使用 C 语言编写的

第 4 章
系统管理

04

"二十大"报告指出"完善重点领域安全保障体系和重要专项协调指挥体系，强化经济、重大基础设施、金融、网络、数据、生物、资源、核、太空、海洋等安全保障体系建设"。在智能计算平台服务器、系统等部署完成之后，为了保证设备平稳、流畅地运行，需要对其进行日常的运维与监控，即系统管理。通过运维与监控，人们能够及时了解到企业设备与系统的运行状态。一旦出现安全隐患，就可以及时预警、处理和解决隐患，避免影响业务系统的正常使用，将问题的根源扼杀在摇篮里。本章主要介绍设备的状态监测和识别、设备和系统的巡检、常规系统及设备日志收集、网络拓扑图和运维文档等相关内容。

【学习目标】

① 了解设备状态指示灯的含义。
② 掌握系统各类状态的查看方法。
③ 熟悉设备巡检的工作内容。
④ 熟悉系统巡检的工作内容。

⑤ 掌握设备与系统日志的收集方法。
⑥ 熟悉网络拓扑图的分类和工具。
⑦ 熟悉基础运维文档的内容结构。

【素质目标】

① 培养学生的辩证思维能力。
② 培养学生积累经验的习惯。

③ 形成严谨踏实的工作作风。

4.1 系统和设备管理

系统和设备管理是运维人员的一个必备技能。运维人员通过对系统和设备的巡检和检测，能够及时发现系统与设备存在的问题，从而更好地保障设备与系统稳定运行。对系统和设备的管理主要是通过对硬件与软件的日常巡检和日志分析以查看设备是否正常运行来进行的。

4.1.1 状态监测和识别

通过状态监测和识别，运维人员能及时发现运行中的问题，为维护工作提供可靠的依据，延长设备和系统的寿命，并有效减少可能造成的损失。设备的状态监测和识别通常通过观察设备状态指示灯实现，而系统的状态监测和识别主要通过监控或者管理工具实现。

【微课视频】

1. 设备状态指示灯

设备状态指示灯作为状态监测和识别中的一个重要部件，不仅可以非常简洁明了地显示设备目前的运行状态，而且可以查看指示灯状态的设备，如网络设备与服务器等。

（1）常见指示灯分类

服务器指示灯通常分为前面板指示灯和后面板指示灯。

这里以华为 TaiShan 100（型号 5280）服务器为例，展示常见的服务器指示灯。服务器前面板指示灯位置如图 4-1 所示，服务器前面板指示灯种类如表 4-1 所示。

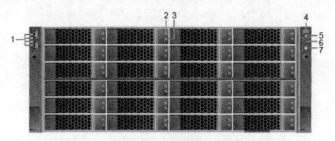

图 4-1　前面板指示灯位置

表 4-1　前面板指示灯种类

指示灯序号	标识	含义
1	品	网口 Link 指示灯
2	–	硬盘 fault 指示灯
3	–	硬盘 active 指示灯
4	▯▯▯	故障诊断数码管
5	⏚	健康状态指示灯
6	ⓠ	UID 按钮/指示灯
7	⏻	电源开关按钮/指示灯

服务器后面板指示灯位置如图 4-2 所示，服务器后面板指示灯分类如表 4-2 所示。

图 4-2　后面板指示灯位置

表 4-2　后面板指示灯分类

指示灯序号	含义
1	硬盘 fault 指示灯
2	硬盘 active 指示灯
3	电源模块指示灯
4	管理网口数据传输状态指示灯
5	管理网口连接状态指示灯
6	UID 指示灯
7	光口数据传输状态指示灯
8	光口连接状态指示灯
9	电口数据传输状态指示灯
10	电口连接状态指示灯

（2）指示灯状态

根据服务器指示灯的状态，巡检人员可以很好地进行服务器状态的排查。不同的指示灯状态表示不同的设备状态，通过查看指示灯可以初步定位设备的问题。下面介绍服务器指示灯及其状态。

① 总体健康状态指示灯

总体健康状态指示灯包括健康状态指示灯、电源开关指示灯和 UID（单位识别）指示灯。巡检人员通过检查总体健康状态指示灯可以了解服务器目前的运行状态。总体健康状态指示灯状态如表 4-3 所示。

表 4-3　总体健康状态指示灯状态

指示灯	指示灯状态	含义
健康状态指示灯	红色 1Hz 闪烁	系统有严重警告
	红色 5Hz 闪烁	系统有紧急警告
	绿色常亮	设备运行正常
电源开关指示灯	绿色常亮	设备正常上电
	黄色闪烁	设备管理系统正在启动
	黄色常亮	设备处于待上电状态
	熄灭	设备未上电
UID 指示灯	熄灭	服务器未被定位
	蓝色常亮	服务器已被定位

② 硬盘状态指示灯

硬盘状态指示灯包括硬盘 fault 指示灯和硬盘 active 指示灯。巡检人员通过检查硬盘状态指示灯，可以了解硬盘目前的运行状态。硬盘状态指示灯状态如表 4-4 所示。

表 4-4　硬盘状态指示灯状态

指示灯	状态	含义
硬盘 fault 指示灯	熄灭	硬盘工作正常或 RAID 组中硬盘不在位
	黄色闪烁	硬盘被定位或 RAID 重构
	黄色常亮	检测不到硬盘或硬盘故障
硬盘 active 指示灯	熄灭	硬盘不在位或故障
	绿色闪烁	硬盘处于读写状态或同步状态
	绿色常亮	硬盘处于非活动状态

③ 电源模块指示灯

巡检人员通过检查电源模块指示灯，可以了解目前设备的通电情况。如果出现通电不成功的情况，那么可以通过电源模块指示灯进行问题定位。电源模块指示灯状态如表 4-5 所示。

表 4-5　电源模块指示灯状态

状态	含义
熄灭	设备未上电
黄色闪烁	表示管理系统正在启动
黄色常亮	设备处于待通电状态
绿色常亮	设备已正常通电

④ 网络端口指示灯

网络端口指示灯分为管理网口的指示灯和光口的指示灯。巡检人员通过检查网络端口指示灯可以了解目前网络的连接情况。网络端口指示灯状态如表 4-6 所示。

表 4-6　网络端口指示灯状态

指示灯	指示灯状态	含义
管理网口数据传输状态指示灯	橙色闪烁	当前有数据正在传输
	熄灭	当前无数据传输
管理网口连接状态指示灯	绿色常亮	物理连接正常
	熄灭	物理未连接

续表

指示灯	指示灯状态	含义
光口数据传输状态指示灯	橙色闪烁	当前有数据正在传输
	熄灭	当前无数据传输
光口连接状态指示灯	绿色常亮	物理连接正常
	熄灭	物理未连接

2. 系统状态

系统管理人员了解了服务器运行情况就可以很好地把握系统目前的健康状况，从而及时制订维护方案与应急措施，保证系统稳定高效运行；通过目前已有的服务器监控工具、系统内自带工具或服务器自带管理工具（如华为 iBMC），可以清晰地查看服务器的各种状态。在操作系统中，系统管理人员主要通过查看以下几个状态判断运行情况。

（1）操作系统基本运行状态

操作系统基本运行状态分为正常运行、非正常运行和关闭。操作系统基本运行状态是最容易识别的状态，系统管理人员可通过 KVM、服务器自带管理工具（如华为 iBMC）等直观地查看操作系统的基本运行状态。例如，使用华为 iBMC 远程控制台查看系统状态，如图 4-3 所示。

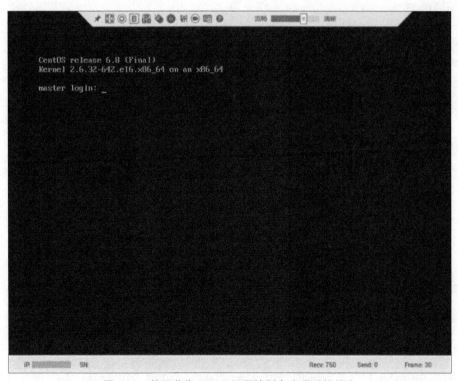

图 4-3　使用华为 iBMC 远程控制台查看系统状态

（2）CPU 状态

CPU 作为计算机系统的运算与控制核心，是信息处理和程序运行的最终执行单元。服务器的性能很大程度上取决于 CPU 的核心数与频率，CPU 负载过高会导致服务器响应速度减慢和新的任务无法提交等问题。

管理人员通过查看 CPU 信息与负载情况，可以判断当前服务器 CPU 是否处于正常工作状态，在 Windows 系统中，管理人员通过任务管理器即可查看当前服务器的 CPU 信息与负载情况；在 Linux 系统中，管理人员通过 cat /proc/cpuinfo 命令可以查看当前服务器的 CPU 信息，通过 top 命令可以查看当前服务器的 CPU 负载情况。管理人员可以使用 iBMC 管理工具查看当前 CPU 信息和负载情况，如图 4-4 和图 4-5 所示。CPU 负载不高于 80% 即处于正常运行范围，若高于 80% 则需要释放资源以保证系统正常运行。

名称	CPU1
厂商	Intel(R) Corporation
型号	Intel(R) Xeon(R) Gold 6148 CPU @ 2.40GHz
处理器ID	54-06-05-00-FF-FB-EB-BF
主频	2400 MHz
核数/线程数	20 cores/40 threads
一级/二级/三级缓存	1280/20480/28160 KB
状态	✅ 启用
部件编码	41020662
其他参数	64-bit Capable| Multi-Core| Hardware Thread| Execute Protection| Enhanced Virtualization| Power/Performance Control

图 4-4　使用 iBMC 管理工具查看 CPU 信息

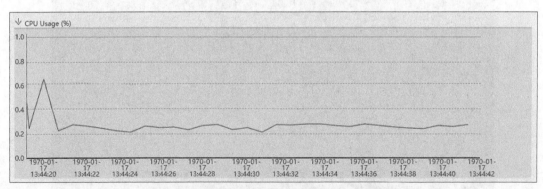

图 4-5　使用 iBMC 管理工具查看 CPU 负载情况

（3）内存状态

计算机中所有程序都需要在内存中运行，因此内存的性能对计算机的影响非常大。与

CPU 一样，内存的负载过高同样会导致服务器响应速度减慢和新任务无法提交处理等问题。

管理人员通过查看内存信息和负载情况，可以判断当前服务器内存是否处于正常工作状态；在 Windows 系统中，管理人员通过任务管理器即可查看当前服务器的内存信息与负载情况；在 Linux 系统中，管理人员通过 cat /proc/meminfo 命令可以查看当前服务器的内存信息，通过 top 命令可以查看当前服务器内存的负载情况。管理人员可以使用 iBMC 管理工具查看当前内存信息和负载情况，如图 4-6 和图 4-7 所示。内存的负载不高于 80% 即处于正常运行范围，若高于 80% 则需要释放或扩展资源以保证系统正常运行。

图 4-6　使用 iBMC 管理工具查看内存信息

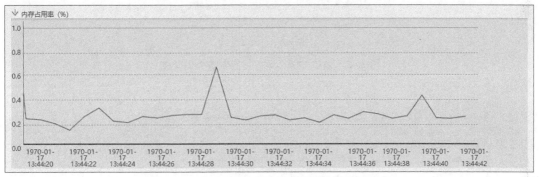

图 4-7　使用 iBMC 管理工具查看内存负载情况

（4）进程状态

进程是具有独立功能的程序关于某个数据集合上的一次运行活动，是系统进行资源分配和调度的基本单位。

管理人员通过查看系统内进程的运行情况，可以了解系统目前所有进程是否正常运行，还可以根据进程运行情况关闭部分无用或暂时不用的进程，以释放占用的资源。管理人员可以通过监控工具和系统内置的管理工具查看系统进程，在 Windows 系统中使用任务管理器即可查看，而在 Linux 系统中可以通过 top 和 ps 命令进行查看。

（5）存储状态

存储磁盘的状态对系统的运行情况有较大的影响。磁盘满载会导致系统负载过高，磁盘损坏会导致系统数据丢失甚至系统损坏等，所以查看磁盘状态也是系统管理人员的必备技能之一。管理人员查看磁盘状态主要是指查看磁盘的占用情况、读写速率、损坏情况等。管理人员可以通过系统的自带监控工具和其他监控工具进行磁盘状态的查看。

如华为服务器可以使用 iBMC 管理工具查看当前的存储信息和负载情况，如图 4-8 和图 4-9
所示。

图 4-8　使用 iBMC 管理工具查看存储信息

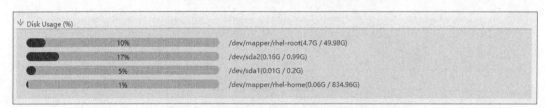

图 4-9　使用 iBMC 管理工具查看负载情况

（6）网络状态

服务器与客户端主要通过网络进行交互，网络连接畅通是客户端与服务器交互的前提条
件。除此之外，网络的负载控制和防护也是重中之重。网络负载过高会导致服务器系统响应
速度减慢，网络防护则可以有效保障系统数据的安全。网络防护方法包括设置防火墙策略、控
制开放的端口和限制远程登录用户等。

保障网络畅通需要先确保硬件的网络设备正常运行。管理员通过为服务器设置合理且固
定的 IP 地址，可以使服务器正常访问网络；在 Windows 系统中，通过网络和 Internet 设置
可以为系统设置 IP 地址；在 Linux 系统中，可以通过修改网卡配置文件进行 IP 地址设置。
完成 IP 地址设置后，管理人员可以通过命令行的 ping 命令，测试当前服务器与网关和客户
端是否已经连通及响应时间的快慢等；若需要服务器访问外网，亦可使用 ping 命令对外网网
站进行测试连接。

网络负载是影响服务器响应的一个重要指标。网络负载过高会造成网络拥堵，导致服务器

系统响应速度减慢或者无响应。在 Windows 系统中，管理人员通过任务管理器可查看当前系统的网络负载情况；在 Linux 系统中，管理人员通过 cat /proc/net/dev 命令可以查看当前系统的网络流量情况。管理人员可以通过 iBMC 管理工具查看当前系统的网络负载情况，如图 4-10 所示。

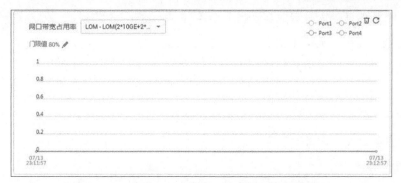

图 4-10　使用 iBMC 管理工具查看网络负载情况

网络防护对系统来说是非常重要的，是保障系统数据安全的基本策略之一。防火墙的运行可以有效防止网络攻击，在 Windows 系统中，管理人员可以通过系统防火墙来打开防火墙程序；Linux 系统默认防火墙为开启状态，通常防火墙是禁止关闭的，Linux 常用的防火墙是 iptables 和 firewalld 等。设置防火墙之后，系统的所有端口都是禁止访问的状态，但是服务器与客户端交互需要使用一部分端口，所以需要通过设置防火墙进行部分端口的开放。由于常用的一些端口容易被黑客攻击，所以开放端口之前，需要对一些常用的端口进行修改。例如，MySQL 数据库的 3306 和 1433 端口都是黑客最常访问的端口，通常需要修改为别的端口号，并对开放端口进行严格的控制，仅允许部分端口开放访问。

4.1.2　设备和系统巡检

巡检能及时发现系统和设备的异常状况，是保障系统和设备安全运行的重要工作。巡检要求工作人员能及时发现生产现场存在的异常，并对异常做简单的处理，从而保证生产的稳定进行。

【微课视频】

1. 设备巡检

（1）外部设备巡检

外部设备是保障服务器与网络设备等机房设备正常运行的前提条件，对外部设备进行巡检可以使服务器和网络设备运行于良好的外部条件下，减少因外部因素导致的设备运行故障。对外部设备的巡检，需要了解以下巡检事项。

① 熟悉设备

巡检外部设备前，巡检人员需要先认真阅读如电源、空调、机柜风扇等设备的使用说明书，了解设备在运行过程中可能出现的状态与故障，然后再进行设备的巡检。熟悉设备也可以帮助巡检人员在巡检时更快速和精准地发现并定位问题。

② 机房防护

保持良好的机房环境是稳定运行设备的前提。保持良好的机房环境要注意以下事项。

a. 进入机房需要戴上鞋套或穿上机房专用鞋。

b. 不要携带易燃、易爆和强磁性物品进入机房。

c. 不要携带食物和水进入机房。

d. 确保机房消防设备符合标准。

e. 确保机房环境无漏水、渗水和有裂缝等情况。

f. 确保各类机架与设备摆放牢靠。

③ 机房温湿度

机房的温湿度对设备运行存在着一定影响。通常机房设备处于运行状态下时会发出大量的热量，所以需要确保机房的温湿度，以保障设备正常运行。标准机房的温度应为 20～35℃，相对湿度应为 8%～90%RH。

④ 环境设备

环境设备包括空调、电源等设备。确保空调设备正常运行，可以保障机房内温湿度处于适合范围内；确保电源设备正常运行，可以保障机房设备的用电稳定。

⑤ 线缆巡检

对线缆的巡检，以外观观察。如果需要进行拔插操作，必须事先征得客户的同意。巡检线缆布局前，为了防止损坏线缆，需注意以下事项。

a. 确保三线制电源接地线的接头表面良好。

b. 确保电源线的类型正确。

c. 确保电源线表面绝缘部分没有任何破损。

d. 保证线缆远离热源，避免线缆紧绷，保持适度松弛。

e. 插拔线缆时，不要用力过大。

f. 尽可能通过连接端口插拔线缆。

g. 任何情况下，禁止扭曲或者拉扯线缆。

h. 合理布线，保证需要拆卸或者更换的部件不会接触线缆，确保所有电源线正确连接。

（2）服务器巡检

服务器巡检需要征得客户同意，并且只能对机器做查看操作。未经客户书面授权同意，严禁对服务器做任何上下电操作。服务器巡检包括以下几个方面。

① 服务器指示灯巡检

常见的服务器在前面板和后面板都提供了相对应的指示灯，通过对指示灯状态的巡检，可以初步确定服务器故障位置与故障信息。服务器指示灯的详细含义在 4.1.1 节中有说明。

主要巡检健康状态指示灯、电源开关指示灯、硬盘状态指示灯、电源模块指示灯和光口/电口状态指示灯。

对服务器指示灯进行巡检，需要保证所有指示灯都处于正常状态，若有指示灯处于不正常状态，则需要进行检修和维护。

② 服务器硬件巡检

巡检人员通过检查服务器的硬件可以确保服务器在良好的环境下工作，主要检查以下 4 个硬件。

a. 服务器防尘网：检查服务器防尘网上是否有灰尘堆积、堵塞服务器散热风道，导致散热不良。

b. 服务器风扇：检查服务器风扇运行是否正常，出风口有没有热风吹出。

c. 服务器电源：检查服务器电源是否正常供电，双路服务器应保证两路电源供电正常，并且拔掉一路电源后，另一路电源可以保证服务器正常工作。

d. 服务器网络：检查服务器光口和电口等网络接口是否正常运行，指示灯是否正常。

（3）网络设备巡检

① 检查各单板状态是否正常

登录设备之后，执行 display device 命令即可查看各单板状态，如图 4-11 所示。

```
<HUAWEI> display device
S9712's Device status:
Slot  Sub Type         Online   Power    Register    Alarm    Primary
- - - - - - - - - - -  - - - -  - - - -  - - - - - - - - - -  - - - - -
7     -   EH1D2X02XEC0 Present  PowerOn  Registered  Normal   NA
10    -   EH1D2G48SEC0 Present  PowerOn  Registered  Normal   NA
13    -   EH1D2SRUDC00 Present  PowerOn  Registered  Normal   Master
14    -   EH1D2SRUDC00 Present  PowerOn  Registered  Normal   Slave
PWR1  -   -            Present  PowerOn  Registered  Normal   NA
PWR2  -   -            Present  PowerOn  Registered  Normal   NA
CMU1  -   EH1D200CMU00 Present  PowerOn  Registered  Normal   Master
FAN1  -   -            Present  PowerOn  Registered  Normal   NA
FAN2  -   -            Present  PowerOn  Registered  Normal   NA
FAN3  -   -            Present  PowerOn  Registered  Normal   NA
FAN4  -   -            Present  PowerOn  Registered  Normal   NA
```

图 4-11　各单板状态

② 检查设备健康状态

登录设备之后，执行 display health 命令，查看设备状态是否均为 normal。

检查电压回显字段，查看各单板电压状态是否处于 normal 状态，如图 4-12 所示。

```
Slot Card SDR No.  SensorName   Status  Upper   Lower   Voltage.(V)
- - - - - - - - -  - - - - - -  - - - -  - - - -  - - - -  - - - - - - -
7    -    3        3.3v         normal  3.9592  2.6460  3.2928
     -    4        2.5v         normal  2.9988  1.9992  2.5872
     -    5        1.8v         normal  2.1560  1.4406  1.8816
```

图 4-12　各单板电压状态

检查温度回显字段，查看各单板温度状态是否处于 normal 状态，如图 4-13 所示。

```
Slot Card SDR No.   Status    Upper  Lower  Temperature.(C)
  7    -     1       normal    67.00  0.00    38.00
       -     2       normal    64.00  0.00    34.00
 10    -     1       normal    58.00  0.00    36.00
       -     2       normal    56.00  0.00    31.00
```

图 4-13　各单板温度状态

检查电源回显字段，查看各单板电源状态是否处于 Supply 状态，如图 4-14 所示。

```
PowerNo  Present  Mode   State    Current(A)  Voltage(V)  RealPwr(W)
 PWR1     YES      AC     Supply   2.7500      53.5200     148.6000
 PWR2     YES      AC     Supply   2.6400      53.3900     143.6000
 PWR3     NO       N/A    N/A      N/A         N/A         N/A
 PWR4     NO       N/A    N/A      N/A         N/A         N/A
 PWR5     NO       N/A    N/A      N/A         N/A         N/A
 PWR6     NO       N/A    N/A      N/A         N/A         N/A
```

图 4-14　各单板电源状态

检查风扇回显字段，查看各单板风扇注册状态是否处于 YES 状态，如图 4-15 所示。

```
FanId   FanNum   Present   Register   Speed        Mode
FAN1    [1-2]    YES       YES        30%(2160)    AUTO
        1                             2100
        2                             2220
FAN2    [1-2]    YES       YES        35%(2340)    AUTO
        1                             2250
        2                             2430
```

图 4-15　各单板风扇注册状态

检查 CPU 回显字段，查看各单板 CPU 资源占用是否低于 80%，如图 4-16 所示。

```
System CPU Usage Information:
 System cpu usage at 2004-08-03 16:10:35

 Slot              CPU Usage            Upper Limit
   7                  13%                   80%
  10                  14%                   80%
  13                  12%                   80%
  14                   8%                   80%
```

图 4-16　各单板 CPU 资源占用情况

检查内存回显字段，查看各单板内存资源占用是否低于 60%，如图 4-17 所示。

```
System Memory Usage Information:
 System memory usage at 2004-08-03 16:10:35

 Slot   Total Memory(MB)   Used Memory(MB)   Used Percentage   Upper Limit
   7         170                58                34%              85%
  10         170                60                35%              85%
  13         1827               163                8%              95%
  14         1827               162                8%              95%
```

图 4-17　各单板内存资源占用情况

2. 系统巡检

系统巡检前，需要征得客户同意并且只能对机器进行查看操作。未经客户书面授权同意，严禁对服务器做修改配置等操作，且需要提前获取巡检机器的管理工具（如华为的 iBMC）和服务器内部系统的 IP 地址、root 账户密码。巡检完成后，需要通知客户及时更新 root 账户密码。系统巡检主要分为以下几个部分。

（1）操作系统检查

系统巡检首先进行的是操作系统层面的检查，具体检查事项如表 4-7 所示。

表 4-7 操作系统检查事项

巡检项目	巡检操作	参考标准
Windows 操作系统版本	执行 winver.exe 命令	
Linux 操作系统版本	执行 uname –a 命令	
服务器系统网络情况	需要在其他机器上使用 ping 命令	5 分钟内查看是否有丢包情况和响应时间过长情况
Windows 操作系统网络配置情况	执行 ipconfig /all 命令	IP 地址和子网掩码等网络信息正确
Linux 操作系统网络配置情况	执行 ifconfig –a 命令	IP 地址和子网掩码等网络信息正确
Windows 操作系统用户检查	使用 Administrator 用户登录	能正常登录系统
Linux 操作系统用户检查	使用 root 用户登录	能正常登录系统

（2）性能巡检

巡检人员通过系统自带工具、服务器自带工具（如华为 iBMC）和常用监控软件等，可以对系统进行性能巡检。性能巡检包括 CPU、内存、存储和网络状态的巡检，具体方法可以参考 4.1.1 节。在有监控工具的情况下，可以方便、实时地查看巡检项目情况，如使用华为 iBMC 管理工具能够非常方便地查看当前系统的性能情况，如图 4-18 所示。

（3）安全巡检

① Windows 系统安全巡检

a. 系统信息巡检

系统信息巡检主要是检查计算机操作系统的详细配置信息，包括操作系统配置、产品 ID 和硬件属性，如内存、磁盘空间、网卡和系统运行时间等，如图 4-19 所示。

b. 服务器重要系统日志巡检

在 Windows 系统下，巡检人员可以通过事件查看器查看日志，重点记录错误日志号，通过错误日志号对错误进行定位并解决，打开事件查看器的命令为 eventwr。事件查看器里面的日志放在计算机的 C:\Windows\system32\config 路径下，其中，AppEvent.evt 为应用程序日志，SecEvent.evt 为安全性日志，SysEvent.evt 为系统日志。

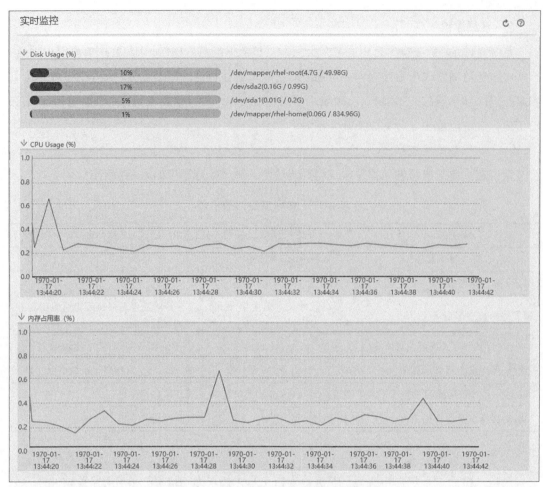

图 4-18 华为 iBMC 管理工具的性能监控

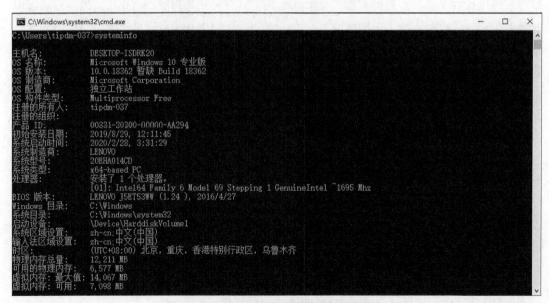

图 4-19 Windows 操作系统详细配置信息

应用程序日志包括由应用程序或系统程序记录的事件，主要记录程序运行方面的事件，如数据库程序可以在应用程序日志中记录文件错误，程序开发人员可以自行决定监视哪些事件。如果某个应用程序出现崩溃的情况，就可以从程序的事件日志中找到相应的记录。

安全性日志记录了有效和无效的登录尝试以及与资源使用相关的事件，如创建、打开、删除文件或其他对象。系统管理员可以指定在安全性日志中记录什么事件。

系统日志包括 Windows 系统组件记录的事件。如在启动过程中驱动程序或其他系统组件加载失败等都将记录在系统日志中。

c. 查看防火墙与端口开放巡检

确保系统中的防火墙始终处于运行状态，不能随便关闭防火墙。防火墙中开放的端口必须是有记录的需要开放的端口，不能随意开放其他端口，若发现有不在记录的端口开放，需要关闭该端口并排查开放原因。

② Linux 系统安全巡检

Linux 系统需要进行安全巡检的项目如表 4-8 所示。

表 4-8　Linux 系统安全巡检项目

巡检项目	巡检操作	参考标准
检查当前登录用户	执行命令 who	除了管理员外没有其他用户登录
文件系统占用率	执行命令 df –ah	没有文件系统占用率超过 80% 的现象
系统账户安全检查	执行命令 more etc/passwd 执行命令 more etc/shadow	没有异常账户信息存在
文件系统日志	执行命令 dmesg	无错误日志或错误日志不会影响系统的正常运行
系统开放端口检查	执行命令 netstat	查看服务端口是否正常开放，无关的端口一律关闭
系统登录情况检查	执行 lastlog	无异常账户或异常登录时间

4.1.3　日志收集

网络设备、系统及服务程序等在运行时都会产生一个名为 log 的事件记录。每一行日志都记载着对日期、时间、使用者及动作等相关操作的描述。收集设备与系统的日志有助于用户分析设备与系统出现故障时所做的操作与发生的事件，从而更好地定位问题。

【微课视频】

1. 设备日志

（1）如何获得设备日志

可以通过设备厂商提供的管理工具进行设备日志收集。以华为设备为例，通过 FusionServer

Tools SmartKit 可以收集服务器硬件日志。收集流程如图 4-20 所示。

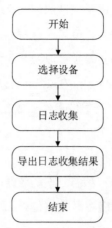

图 4-20　FusionServer Tools SmartKit 日志收集流程

（2）如何查看设备日志

通过 FusionServer Tools SmartKit 收集日志之后，用户可以直接在 FusionServer Tools SmartKit 里进行日志查看，如图 4-21 所示。

图 4-21　在 FusionServer Tools SmartKit 里查看日志

2．系统日志

（1）如何获得系统日志

系统日志是分析系统运行情况的一个重要工具，不同的系统获取日志的方式也不尽相同，一部分系统日志存放在系统指定的目录里，可以通过直接查找进行查看；另一部分系统日志需要通过命令进行获取。业界常用的两大操作系统 Windows 和 Linux 的日志获取方式的相关命令可参考本书电子文档附件。

（2）如何查看系统日志

一般来说，可以直接使用系统自带的文档编辑器查看系统日志。

3. 日志分析

日志分析是一门艺术和科学，目的是使各种设备和系统生成的日志和记录变得有意义。分析日志有助于诊断和解决系统故障。日志消息可以分成下面的几种通用类型。

（1）信息：这种类型的消息用来告知用户和管理人员一些没有风险的事情已发生，如 Cisco 网络操作系统（IOS）在系统重启的时候生成消息。不过，需要注意的是，如果重启发生在非正常维护时间或是业务时间，就有发出告警的理由。

（2）调试：软件系统在应用程序代码运行时发出调试信息，目的是为开发人员提供故障检测和问题定位的帮助。

（3）警告：警告消息是在系统需要或者丢失数据时，在不影响操作系统的情况下发出的。

（4）错误：错误日志消息用来传达在计算机系统中出现的各种级别的错误。如操作系统在无法同步缓冲区到磁盘的时候会生成错误信息。

（5）警报：警报表明出现了一些需要注意的事项。一般情况下，警报是属于安全设备和安全相关系统的，但并不是硬性规定。在计算机网络中可能会运行一个入侵防御系统（IPS），检查所有入站的流量。IPS 将根据数据包的内容判断是否允许其进行网络连接。如果 IPS 检测到一个恶意连接，可能会采取任何预先配置的处置。IPS 会记录下检测结果以及所采取的行动。

通常进行日志分析是需要解决目前设备和系统的故障或者问题，此时只需要分析警告、错误和警报的日志即可。一般来说，警告、错误和警报这 3 方面的日志都会保存在一个特定的日志文件中，通过导出和查看对应的日志文件，管理人员就能精准定位故障问题。

4.2　系统运维管理文档

系统建设前期，一定要做好系统的需求文档、设计文档和实施文档。在系统建设中要依据前期的文档进行实施和设计，并生成系统相关的问题总结文档和更新实施文档。系统建设完成后，管理人员要基于系统的业务能力和使用对象编写操作手册和运维管理文档等。运维管理文档的基础是网络拓扑图和运维文档。

【微课视频】

4.2.1 网络拓扑图

设备需要基于一定的结构才能实现互连，网络拓扑结构是指用传输介质互连各种设备的物理布局。网络拓扑图可以以几何图形展示实体设备的连接方式。

1. 常见的网络拓扑结构

计算机的常见网络拓扑结构有总线型、星形、环形和树形等。

（1）总线型拓扑

总线型拓扑（Bus Topology），又称总线网络（Bus Network）。总线型拓扑的节点直接连接到一个公用的半双工线性网络上。由于总线型拓扑用一条主缆线串接所有的计算机或其他网络设备，因此也称为线形总线（Linear Bus）。总线型拓扑图如图 4-22 所示。

（2）星形拓扑

星形拓扑（Star Topology）是指网络中的各节点设备通过一个网络集中设备（如集线器 Hub 或者交换机 Switch）连接在一起，各节点呈星状分布的网络连接方式。星形拓扑图如图 4-23 所示。

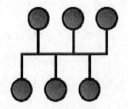

图 4-22　总线型拓扑图

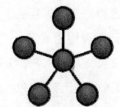

图 4-23　星形拓扑图

（3）环形拓扑

环形拓扑（Ring Topology）的环形结构在局域网中使用较多。这种结构中的传输介质从一个端用户到另一个端用户，直到将所有的端用户连成环形。数据在环路中沿着一个方向在各个节点间传输，信息从一个节点传到另一个节点。这种结构能够消除端用户在通信时对中心系统的依赖。环形拓扑图如图 4-24 所示。

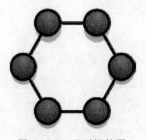

图 4-24　环形拓扑图

（4）树形拓扑

树形拓扑（Tree Topology），又称星形总线网络，是一种混合网络拓扑结构。树形拓扑中的星形网络经由总线网络互连。树形网络是分层的，每个节点可以具有任意数量的子节点。树形拓扑图如图 4-25 所示。

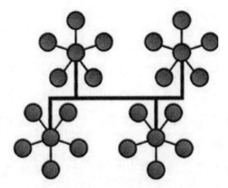

图 4-25　树形拓扑图

2．网络拓扑图使用工具

网络拓扑图一般是使用微软的 Visio 工具绘制的。微软 Visio 是一款在 Windows 操作系统下运行的用于绘制流程图的软件，现在是 Microsoft Office 软件的一部分。Visio 可以制作的图表范围十分广泛，有些人利用 Visio 的强大绘图功能绘制地图、企业标志等，同时 Visio 支持将文件保存为 SVG、DWG 等矢量图形通用格式，因此受到广泛欢迎。截至 2020 年 1 月 1 日，Visio 的最新版本为 2019，其界面如图 4-26 所示。

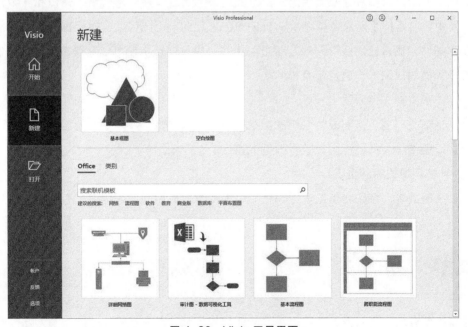

图 4-26　Visio 工具界面

4.2.2 运维文档

运维文档主要用于为运维人员提供系统性的指导，帮助运维人员更快地拥有专业的系统维护与支持能力，协助运维人员构建完整的运维体系，从而实现对系统的完善管理，提高系统的可靠性和可用性。

1. 维护手册的编制目的

运维人员需要结合部门年度服务支撑工作的要求，形成各系统的维护手册。维护手册能使维护人员更加清晰地了解系统维护支撑工作的整体架构，掌握系统维护的基本操作方法及突发事件的应对策略，深入了解各项配置信息及参数，为系统及网络的稳定运行打下坚实基础。

2. 维护手册的主要内容

维护手册分为维护基础信息分册、维护操作手册分册和技术支撑文档分册。

（1）维护基础信息分册

维护基础信息分册的内容包括以下几个方面。

① 系统的基本信息，包括系统实现的业务功能、系统基本构成和环境描述。

② 维护支撑工作的内容及要求，包括管理部门的考核指标。

③ 系统的维护支撑体系。

（2）维护操作手册分册

维护操作手册的内容应确保对操作人员具有指导性，维护操作手册的内容包括值班监控手册、日常维护手册和应急处置手册3个方面。各手册应包括日常检查、备份和安全管理等内容。其中日常维护手册应依据系统的维护角色来定制，可以包括主机及操作系统分册、数据库及中间件分册、应用软件分册、业务手册等。应急处置手册可结合系统应急预案制订，确保维护人员对故障的迅速定位及排除。

（3）技术支撑文档分册

技术支撑文档用于详细说明系统的配置信息和配置参数，并详细地列出相关技术支撑文档信息，以便维护人员进行相关技术数据的查询。

3. 维护手册的编制要求

维护手册要求以系统为单位进行编写，可根据手册应用的迫切程度，有重点、分阶段地完成。

4.3 小结

本章主要介绍了各类设备状态指示灯的作用与含义，以及系统状态的查看方法，阐述了设备巡检和系统巡检的工作内容与要求，设备和系统日志的收集以及日常分析方法。同时，本章也介绍了组网拓扑图的几种结构，以及常用的组网拓扑图绘制工具。此外，本章还介绍了运维文档的编制目的、主要内容及其编制要求。

4.4 习题

（1）下列不属于华为 TaiShan 100（型号 5280）服务器指示灯的是（   ）。

    A．网口 Link 指示灯　　　　　　　　B．健康状态指示灯

    C．硬盘 shutdown 指示灯　　　　　　D．电源开关按钮/指示灯

（2）下列不属于常见系统运行状态的是（   ）。

    A．硬盘坏道状态　B．CPU 状态　　　　C．内存状态　　　　D．网络状态

（3）下列不属于设备巡检相关内容的是（   ）。

    A．外部设备巡检　B．使用人员巡检　　C．服务器巡检　　　D．网络设备巡检

（4）下列不属于系统巡检相关内容的是（   ）。

    A．操作系统检查　B．性能巡检　　　　C．安全巡检　　　　D．指示灯巡检

（5）下列不属于常见的网络拓扑结构的是（   ）。

    A．总线型拓扑　　B．环形拓扑　　　　C．系统型拓扑　　　D．树形拓扑

第 5 章
数据采集

05

智能计算平台中的数据管理包括数据采集和数据存储。智能计算平台通过数据采集获取庞大的数据，为后期的智能处理提供数据基础，因此数据采集成为智能计算平台中大规模数据分析的起点。"二十大"报告指出"全面依法治国是国家治理的一场深刻革命，关系党执政兴国，关系人民幸福安康，关系党和国家长治久安"，在数据采集的过程中，要严格遵守法律规定。本章首先介绍数据采集的基本概念，再针对不同的数据来源，重点介绍数据采集的技术与方法、常用的采集工具与数据采集的基本流程，最后对采集数据的更新形式、数据的维护与修正方式进行介绍。

【学习目标】

① 了解数据采集的基本概念。
② 掌握数据采集的技术与方法。
③ 熟悉数据采集的常用工具及采集流程。

④ 熟悉数据更新的形式。
⑤ 熟悉数据采集阶段的数据维护与修正方式。

【素质目标】

① 培养学生多角度思考的能力。
② 形成科学严谨的工作作风。

③ 培养学生的实践能力。

5.1 数据采集简介

数据采集是所有数据系统不能缺少的一个重要组成部分，只有精准的数据采集才能增强大数据价值分析的准确性和有效性。读者需了解大数据的采集技术，熟悉数据采集常用工具的架构、特点，并能够在数据采集的过程中从多个角度考虑数据采集方法的可行性，保证数据采集的可靠性、高效性。

5.1.1 基本内容

1. 定义

数据采集又称数据获取（Data Acquisition，DAQ），是调度控制系统的重要组成部分，用于从数据源收集、识别和选取数据，并实时向系统提供原始数据。

【微课视频】　【思政拓展】

数据采集包括基于物联网传感器的采集和基于网络信息的采集。例如，在智能交通中，数据的采集包括基于 GPS 的定位信息采集、基于交通摄像机的视频采集、基于交叉路口的图像采集等。

传统的数据采集是指从传感器、其他待测设备模块和数字被测单元中自动采集信息的过程，由传感器、测量硬件和带有可编程软件的计算机组成数据采集系统。

随着大数据涉及的领域越来越广泛，需要采集和处理分析的数据类型也越来越复杂和多样化，传统的数据采集方法已不能满足采集需求。现代的大数据采集是指对传感器数据、互联网数据、RFID 数据等海量数据进行数据获取的过程。相比于传统的数据采集，现代的大数据采集能够更好地应对数据量大、数据源种类多和数据类型繁杂等问题。

2. 作用

海量数据是企业大数据战略建设的基础，在分析数据之前，需要采集到高质量数据。数据采集是大数据技术的一个重要环节，是数据处理分析和展示的数据来源，后续的数据分析都建立在数据采集的基础上。

只有通过对所需数据进行准确又全面的采集，再对数据进行处理分析，才能使数据分析结果对最终的决策行为起到良好的指导作用。

3. 数据来源

随着互联网的发展和大数据技术的普及，数据来源的种类和数据量也在不断增长。传统采集方式收集的数据与现代的大数据采集收集的数据在数量级和复杂性上都具有较大的差异。

（1）传统采集方式的数据来源

传统数据采集的数据来源单一，数据量较小，传统的数据分为业务数据和行业数据。业务数据包括客户关系数据、账目数据、消费者数据和库存数据等；行业数据包括车流量数据、能耗数据和 PM2.5 数据等。数据采集使用计算机外接数据采集设备来进行，采集设备通常是单片机系统或嵌入式系统，如 ARM 系统，其带有多种传感器。

传统数据从传统企业的客户关系管理系统、企业资源计划系统和相关业务系统中获取，数据结构单一，大部分都是结构化数据，由于数据量小，所以数据的存储管理难度也会相对较低。对于传统的源数据，大部分企业采用关系型数据库（如 SQL Server、MySQL 等）和并行数据仓库（如 SQL Server 并行数据仓库）进行存储管理。

（2）大数据采集的数据来源

大数据采集的数据来源广泛，数据量巨大，具有多样性和复杂性，可以是交互式数据、网页数据、窗体表单数据、会话数据等线上行为数据，也可以是系统日志数据、电子文档、语音数据、社交媒体数据等，这些数据类型丰富多样，包含了结构化数据、半结构化数据和非结构化数据。为了进行大数据价值分析，通常将数据采集的源数据根据用途划分为 3 个模块：商业数据、互联网数据和物联网数据。商业数据主要用于经营和管理，为用户指定精准的营销策略；互联网数据主要用于构造虚拟的信息空间，为广大用户优化信息服务和社交服务；物联网数据主要用于过程控制、生产调度、环境保护、现场指挥等方面。虽然商业数据与互联网数据的主要用途不一样，但是互联网数据中包含了部分商业数据，所以有时也将商业数据、互联网数据统称为网络数据。

商业数据是指来自企业资源计划（ERP）系统、销售时点情报（POS）系统、终端机网上支付系统的数据，数据来源的主要渠道是电子商务。电商业务的发展较为快速，业务逻辑日益复杂，业务数据源也越来越多样化，其数据量大，每天有 TB 级的增量数据、近百亿条的用户数据、上百万条的产品数据。互联网时代，如何深入挖掘用户价值成为各大电子商务企业所探讨的重要课题。亚马逊（Amazon）公司作为全球最受欢迎的零售网站之一，拥有先进的数字化仓库，通过对数据的采集、整理和分析，进行产品结构的优化，制定精确的营销策略和开展快速配送业务。Kindle 电子书城中积累了上千万本图书数据，同时记录着读者对图书的标记和笔记，通过对这些数据的采集和分析，系统可以向读者准确推荐其可能感兴趣的图书。

互联网数据是网络空间交互过程中产生的大量数据，是大数据采集的重要对象，它的生产者主要是在线用户，数据大部分是半结构化数据和非结构数据。互联网数据也被称为线上数据，可分为线上行为数据和内容数据。线上行为数据主要记录用户的上网行为，如用户的 IP 地址及浏览过哪些网页等操作行为，这些行为数据包含大量的业务信息和客户信息，主要以网站日志文件的形式存在。内容数据是网上实际呈现的数据，包括通信记录、各种音视频文件、图形图像、电子文档等数据。

物联网是指在计算机互联网的基础上，利用传感器、RFID、无线数据通信、红外线感应等技术，实现物物相连的互连网络。物联网数据的采集、分析和利用是大数据技术的重要组成部分，数据主要来源于物理信息系统。在物理信息系统中，对一个具体的物理对象可采用不同的观测手段，对物理对象不同的属性进行测量会得到不同形式的数据，如一台发电机的型号、发电量、输出功率等。物理信息系统在组织结构上是封闭的，由各种嵌入式传感设备产生数据，数据可以是物理、化学、生物等性质和状态的测量值，也可以是关于行为和状态的语言、视频等多媒体数据。用于学术研究的科学实验系统实际上也属于物理信息系统，它的实验环境是预先设定的，数据具有选择性和可控性，属于人工模拟生成的仿真数据。

4. 采集技术与方法

由于互联网与信息设备的快速发展，在不同类型的服务器、媒介、机构中都会产生海量数据，因此需要采用不同的方法来搜索、采集数据，以获得数据中的信息。大数据采集的主要技术分为实时数据采集和离线数据批量采集两类，而实时数据采集针对不同的数据源又主要分为网络数据实时采集和系统日志实时采集。

（1）网络数据实时采集

网络数据主要是非结构化数据，主要通过网络爬虫、API Web 等方式获取。

网络爬虫（Web Crawler），也被称为蜘蛛，是一个能够自动提取网页的程序，它已经成为许多商业应用和大数据研究人员采集大规模数据的重要工具。

网络爬虫可用于搜索引擎，为搜索引擎从 Web 上下载网页，是搜索引擎的重要组成部分。除了用于搜索引擎之外，网络爬虫也被广泛用于互联网上网页数据的收集。从网站的服务器上获取网页数据内容后，网络爬虫把其中的非结构化数据提取出来，并以结构化的方式将数据存储为统一的本地数据文件。在实际应用中，网络爬虫支持对文本、图片、音频和视频等进行数据采集。

（2）系统日志实时采集

大部分互联网企业都会使用一些数据采集工具来收集海量数据，这些数据多为系统日志。互联网的迅速发展以及大数据技术的兴起，使得日志数据的数据量大幅度增加，对互联网安全造成威胁的攻击活动也对日志采集和分析系统造成了压力，只有从海量的日志中及时提取有效的信息，才能为企业安全提供更好的信息支撑。

数据中心的服务器软件每天会产生大量日志文件，日志文件记录的信息对各种服务器软件的有效操作和维护具有极大作用。快速有效地收集这些文件中的信息，能够帮助服务器运行管理者对海量数据进行分析，更高效地维护服务器的正常运行。

基于网络日志的重要性，许多有实力的互联网大企业常常根据自身需求开发相应的系统日志采集软件，如 Cloudera 的 Flume、Hadoop 的 Chukwa、Facebook 的 Scribe 等。这些软件均采用分布式架构，能够满足每秒数百 MB 的日志数据采集和传输需求。

（3）离线数据批量采集

在互联网应用中，数据通常是以日志为载体，存放于服务器中，在对时延要求较低的应用场景下，企业可以采用离线批量处理的方式进行数据采集。

离线批量采集的工具主要是 Sqoop，Sqoop 是在关系型数据库和非关系型数据库之间进行数据转换的工具。事实上，在实际的开发中，会经常需要将数据库中的数据与 Hadoop 文件系统等进行交换。离线批量采集的方法主要适用于以下几种数据开发场景。

① 处理时间要求不高。

② 数据量巨大。

③ 数据格式多样。

④ 占用计算存储资源多。

5. 数据采集系统的结构

数据采集系统按结构可分为集中式数据采集和分布式数据采集两种。集中式数据采集主要考虑网络的带宽资源和主机的效率，需要的组态软件数量较多，在扩展和后期维护上成本较高。分布式数据采集以集中式数据采集为基础，融合分布式计算、分布式文件管理等新技术发展而成。网络技术、分布式处理、文件管理等技术的成熟、完善及实用化为开展分布式数据采集提供了良好的技术基础。

这两种方式各有特点，集中式采集可以掌控所有的数据，分布式数据采集的特点在于利用并行架构，提高数据收集的效率。

5.1.2 常用工具

根据不同的业务需求可以选择不同的数据采集工具，在实际开发应用中，常用的数据采集工具有 Sqoop、Flume、Scribe、Chukwa、Logstash 等。

【微课视频】

1. Sqoop

（1）概述

Sqoop（SQL to Hadoop）是一种可以在 Hadoop 和关系型数据库之间传输数据的工具。Sqoop 可以将关系型数据库（如 MySQL、Oracle、PostgreSQL 等）中的数据导入到 Hadoop 分布式文件系统（如 HDFS、Hive、HBase 等）中，也可以将数据从 Hadoop 系统里提取出来，并导出到关系型数据库中。

【微课视频】

Sqoop 的核心设计思想是利用 MapReduce 加快数据传输速度，即 Sqoop 的导入和导出功能是通过 MapReduce 完成的，因此 Sqoop 工具是一种采用批处理方式进行数据采集的工具，难以实现数据的实时导入和导出。

（2）架构

Sqoop 工具目前有两个版本，版本号为 1.4.x 和 1.99.x，通常将它们分别简称为 Sqoop1 和 Sqoop2。相比于 Sqoop1，Sqoop2 在基本架构和设计思路上都做了较大的改进，因此这两个版本是完全不兼容的。

Sqoop1 是一个客户端工具，不需要启动任何服务即可使用，较为简便。Sqoop1 实际上是一个只有 Map 的 MapReduce 作业，它利用了 MapReduce 的高容错性等优点，将数据批量采集的任务转化为 MapReduce 作业，Sqoop1 的基本架构图如图 5-1 所示。

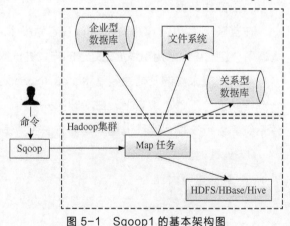

图 5-1　Sqoop1 的基本架构图

当用户通过 shell 命令提交数据传输任务后，Sqoop1 会在关系型数据库中读取数据，并根据数据并发度和数据表大小将数据划分为若干分片，每一片交给一个 Map 任务处理，多个 Map 任务同时读取数据库中的数据，并行地将数据写入目标存储系统里（如 HDFS、Hive、HBase）。Sqoop1 允许用户通过设置参数来控制数据采集作业的执行过程，包括任务并发度、数据源、超时时间等。

当数据采集的任务较大时，Sqoop1 会暴露以下缺点。

① Sqoop1 客户端不易部署，要安装的依赖软件繁多。Sqoop1 的依赖软件必须安装在客户端上，包括 MySQL 客户端、Hadoop 客户端、JDBC 驱动、数据库厂商提供的 Connectors 等。

② 安全性较差。Sqoop1 需要用户明文提供数据库的用户名和密码，不能为数据的采集提供一个可靠安全的工作环境。

为了消除 Sqoop1 客户端的一些弊端，Sqoop2 在 Sqoop1 原有的基本架构上进行了改进。Sqoop2 引入了 Sqoop Server，集中化管理 Connectors、Hadoop 相关的客户端等，引入基于角色的安全机制，支持多种访问方式。Sqoop2 的基本架构图如图 5-2 所示。

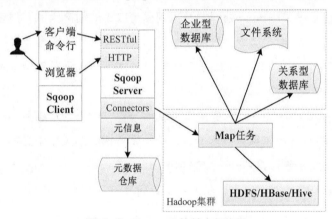

图 5-2　Sqoop2 的基本架构图

Sqoop2 工具的 Sqoop Client 组件定义了用户使用 Sqoop 的方式，包括客户端命令行（CLI）和浏览器（Browser）两种方式。浏览器的方式允许用户直接通过 HTTP 的方式完成 Sqoop 的管理、数据的导入和导出。

Sqoop1 中 Client 端的大部分功能在 Sqoop2 中被转移到了 Sqoop Server 端，类似于将所有的软件在"云端"运行，Sqoop Server 端会响应客户端发出的 RESTful 请求和 HTTP 请求。Sqoop Server 端中的 Connectors 主要负责数据的解析与加载。Metadata 是 Sqoop2 中的元信息，包括可用的 Connectors 列表、用户创建的作业等，这些元信息被存储在元数据库（Metadata Repository）中。

Sqoop Server 会根据用户创建的 Sqoop Job 生成一个 MapReduce 作业，包括 Map 任务和

Reduce 任务，再将 MapReduce 作业提交到 Hadoop 集群中执行。Map 任务会读取数据库中的数据，经过 Reduce 处理之后，将数据写入目标存储系统中。

（3）特点

Sqoop 工具在关系型数据库和 Hadoop 之间搭建了一座桥梁，让数据的批量采集变得更加简单，Sqoop 工具主要具备以下 3 个特点。

① 高效可控地利用资源，通过调整任务数来控制任务的并发度。

② Sqoop 可读取数据源的元信息，自动地完成数据映射和转换，用户也可以根据需要自定义类型映射关系。

③ 支持多种数据库，如 MySQL、Oracle 等。

（4）应用场景

Sqoop 使得数据转移的工作更加简单，Sqoop 适用于以下几种场景。

① 数据迁移：公司内部的商用关系型数据仓库中的数据主要用于分析，从而得到有价值的信息，如果将数据迁移到 Hadoop 大数据平台上，那么可以方便地使用 Hadoop 提供的工具进行数据分析。Sqoop 在关系型数据库与 Hadoop 之间的数据迁移上较有优势。

② 可视化分析结果：Hadoop 处理的数据规模可以是非常庞大的，报表数据的分析结果通常需要进行可视化，以便更直观地去展示。目前大部分可视化工具与关系型数据库对接得比较好，可以使用 Sqoop 工具将 Hadoop 产生的分析结果导入到关系型数据库中，以便进行可视化展示。

③ 数据增量导入：Hadoop 对事务的支持性比较差，如果涉及事务的应用，如支付平台等，后端的存储一般会选择关系型数据库，对于与事务相关的关系型数据，通常不会直接用 Hadoop 访问它们，而是单独导入一份数据到 Hadoop 存储系统中。Sqoop 就是一个高性能、易用、灵活的数据导入/导出工具，它在关系型数据库与 Hadoop 之间搭建了一座"桥梁"，如图 5-3 所示。

图 5-3　Sqoop 的"桥梁"作用

（5）环境要求

Sqoop 的安装配置需要满足以下环境要求。

① 需搭建 Java 环境和 Hadoop 环境。

② 需安装 MySQL 数据库。

③ 需要连接 MySQL 的可执行 JAR 包，用于 Sqoop 连接 MySQL 数据库。

2. Flume

（1）概述

Flume 是一种分布式、可靠且可用的日志采集系统，用于有效地收集、聚合和传输大量日志数据到指定的数据存储系统中。Flume 基于流式数据流的体系结构简单灵活，具有可调整的可靠性机制和许多故障转移和恢复机制，支持数据发送方、数据接收方的数据定制，同时具备对数据进行简单预处理的能力。

（2）发展史

Flume 是 Cloudera 开发的实时日志采集系统。目前，Flume 有 Flume OG 和 Flume NG 两个版本。Flume 初始的发行版本是 Flume OG，随着 Flume 功能的扩展，Flume OG 逐渐暴露出代码工程臃肿、核心组件设计不合理、核心配置不标准等缺点，为了解决这些问题，Cloudera 对 Flume 的核心组件、核心配置和代码架构进行了重构，经重构后形成的更具有适应性的版本称为 Flume NG，Flume NG 使用更加方便简单，可用于各种日志收集。

（3）架构

Flume 采用了 Source→Channel→Sink 的分层架构，架构图如图 5-4 所示。Flume 以 Agent 为最小的独立运行单位，Agent 是 Flume 中产生数据流的地方，一个 Agent 由 Source、Channel 和 Sink 这 3 个组件构成，不同类型的组件可以自由组合，构建符合采集需求的系统。

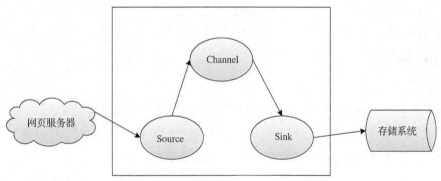

图 5-4　Flume 基本架构

在 Flume NG 中，有以下几个核心概念。

① Client：生产数据，运行在一个独立的线程上。

② Source：完成对日志数据的收集，从 Client 收集数据，将数据传递给 Channel。其可接收外部源的数据，不同类型的 Source 可以接收不同的数据格式。

③ Channel：连接 Source 和 Sink，缓存 Source 提供的数据。Channel 中的数据需要进入下一个 Channel 中或者进入终端才会被删除，当 Sink 写入数据失败时，Flume 会自动重启，不会造成数据丢失，因此 Channel 组件有较高的可靠性。

④ Sink：收集 Channel 中的数据，将数据写入到相应的文件存储系统、数据库或提交到

远程服务器。

（4）特点

Flume 采集主要具备以下几个特点。

① 高可靠性。Flume 内置了事务支持，保证每一条数据都能被下一条数据接收而不会丢失。

② 高扩展性。Flume 的架构是分布式架构，没有任何中心化的组件，这使得 Flume 具备良好的扩展性。

③ 高度定制化。Flume 采集工具中的所有组件都是可插拔的，用户可以根据自己的需求定制每个组件。

（5）应用场景

Flume 可将分布式节点上的大量数据进行实时采集、汇总和转移，其主要应用于电子商务网站内容推送的场景，如广告定点投放等。Flume 可以采集用户的访问页面数据和用户单击的产品数据，将这些日志信息采集后转移到 Hadoop 平台进行分析。只有进行精确的数据采集，才能更加准确快速地将用户想要的内容推送到界面上。

（6）环境要求

Flume 的运行环境较为简单，对操作系统的要求不高，只需确保运行环境安装了对应的 JDK 版本（JDK 版本需在 1.7 以上），以及足够的内存和磁盘空间用于配置使用的 Source、Channel、Sink。

3. Scribe

（1）概述

Scribe 是 Facebook 开源的分布式日志采集系统，用于汇总流日志数据，它可以从各种数据源或机器上收集日志，并将日志存储到一个中央存储系统，如分布式文件系统 HDFS 等。Scribe 为日志数据的分布式收集提供了一个高容错且可扩展的方案。

Scribe 采用 Thrift RPC 消息传递的方式，在收集源数据时不能进行数据处理（如数据的备份），当源数据传输到 Scribe Server 端时，若 Scribe Server 端出现故障，则会造成数据丢失。

（2）架构

Scribe 支持多种日志格式，且架构也比较简单，主要包括 Scribe agent、Scribe 和存储系统这 3 个部分，架构图如图 5-5 所示。

Scribe agent 实际上是一个 Thrift client，可以向 Scribe 发送数据。Scribe 将接收到的数据放到一个共享队列上，并根据配置文件，将不同主题的数据发送给不同的对象，加载到存储系统中。Scribe 提供了各种各样的存储系统，如 File、HDFS、Buffer（双层存储，一个主存储，一个副存储）、Network（另一个 Scribe 服务器）等。

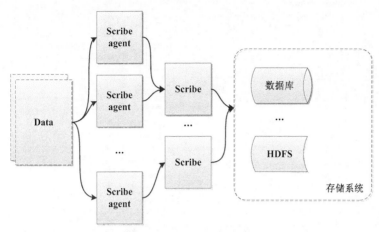

图 5-5　Scribe 基本架构

（3）特点

Scribe 的架构简单，数据交互模型采用的是键值对，其优点是更为灵活。Scribe 具有良好的容错能力，当后端存储系统的网络或机器出现故障时，Scribe 会将日志数据写到本地磁盘上，当存储系统恢复性能后，Scribe 再将日志数据重新传输给中央存储系统。

（4）环境要求

Scribe 的安装非常复杂，主要是因为其依赖的包需要设置的环境变量非常多，而且不能很好地与 Hadoop 兼容，所以安装非常需要技巧。要安装 Scribe，需安装 Thrift 依赖软件、Thrift 和 Hadoop，Thrift 依赖软件有 G++、Boost、Apache Ant、Autoconf、libevent、JDK、PHP 和 Python 等。

4. Chukwa

（1）概述

Apache Chukwa 是一个用于监视大型分布式系统的开源数据收集系统。Hadoop 的 MapReduce 最初主要用于日志处理，它的优势在于处理大文件。因为集群环境中设备的数据量会不断递增，生成大量的小文件，因此使用 MapReduce 会成为一件烦琐的事情。而 Chukwa 弥补了这一缺陷，Chukwa 不但可以将各种各样类型的数据收集成适合 Hadoop 处理的文件，并将数据保存在 HDFS 中供 Hadoop 进行各种 MapReduce 操作，而且 Chukwa 本身还包含一个灵活且功能强大的工具包，用于显示、监控和分析收集到的数据。

（2）架构

Chukwa 建立在 HDFS 和 MapReduce 框架之上，并继承了 Hadoop 的可扩展性和健壮性。Chukwa 提供了很多内置功能，对从数据的产生、收集、存储、分析到展示这一整个生命周期都提供了全面的支持，在进行数据的收集和整理时更加简便，Chukwa 架构图如图 5-6 所示。

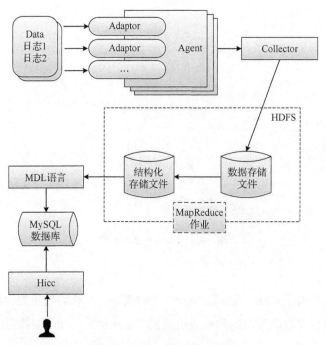

图 5-6　Chukwa 基本架构

Adaptor 是直接采集数据的接口，每一类数据通过一个 Adaptor 来实现，Chukwa 对命令行输出、日志文件和 HTTP Sender 等常见的数据来源已经提供了相应的 Adaptor。Agent 负责采集源数据，它运行在每一个被监控的机器上，一个 Agent 可以管理多个 Adaptor 的数据采集。Agent 采集到的数据需要存储至 Hadoop 集群，Hadoop 集群更擅于处理 TB 和 PB 级的大文件数据，大量小文件的处理则不是它的强项，为了解决这个问题，Chukwa 设计了 Collector 这个角色，Collector 负责收集 Agent 发送过来的数据，把数据先进行部分合并，再定时写入 Hadoop 集群中。

Hadoop 集群中的数据通过 MapReduce 实现数据分析。在 MapReduce 阶段，Chukwa 提供了 Demux 和 Archive 两种内置的作业类型。

Demux 一般是对非结构化的数据进行结构化处理，抽取其中的数据属性。Demux 的本质是一个 MapReduce 作业，所以也可以根据自己的需求来制订 Demux，以进行复杂的逻辑分析。Archive 作业负责把同类型的数据文件合并，便于进一步分析，同时也可减少文件数量，减轻 Hadoop 集群的存储压力。

Hadoop 集群上的数据虽然可以满足数据长期存储和大数据量计算的需求，但是不便于展示。为此，Chukwa 使用 MDL 语言，把集群上的数据抽取到 MySQL 数据库中，将 MySQL 数据库的数据作为展示的数据源，通过 Hicc 数据展示端来展示数据结果。Hicc 是用 Jetty 网页服务器实现的一个 Web 服务端，内部使用 SP.js 和 JavaScript 技术，用户可以使用列表、曲线图、多曲线图、柱状图、面积图等图表展示数据。对不断生成的新数据和历史数据，Hicc 展示端会在时间轴上进行稀释，防止数据不断增长并增大服务器压力，同时，Hicc 也可以提供长时间段的数据展示。

（3）特点

① Chukwa 架构清晰，能够快速部署。对于集群各节点的 CPU 使用率、内存使用率、集群文件数变化、作业数变化等 Hadoop 相关数据，从采集到展示的一整套流程，Chukwa 都提供了内置的支持，只需要简单的配置便可使用。

② Chukwa 收集的数据类型广泛，具有高扩展性。

③ Chukwa 具备良好的可靠性，节点崩溃时，Chukwa 的 Agent 会自动重启终止的数据采集进程，防止原始数据丢失。

（4）环境要求

安装部署 Chukwa 需要满足以下条件。

① 需要搭建 Linux 环境。

② 需安装配置 Hadoop。

③ 需要依赖 JDK 环境。

④ 系统中需要支持 SSH 安全协议。

5. Logstash

（1）概述

Logstash 是具有实时流水线功能的开源数据收集引擎，具有实时的数据传输能力，能够同时从多个来源采集数据、转换数据和传输数据，不受格式或复杂度的影响，且 Logstash 安装部署很简便。

通过 Logstash 可以采集不同系统上的日志数据，并对数据进行自定义处理，再将处理后的数据集中输出到指定存储位置。

（2）架构

Logstash 有 3 个核心组成部分：数据收集、数据解析和数据转存。这 3 个核心组成部分组成了一个类似管道的数据流，这三者即成为了 Logstash 事件处理管道的 3 个阶段：输入、过滤器和输出，Logstash 的架构图如图 5-7 所示。由输入端进行数据的采集，管道本身进行数据的过滤和解析，输出端把过滤和解析后的数据输出到目标数据库中。

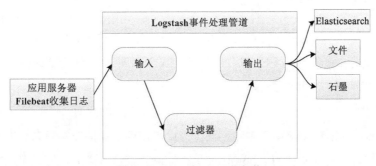

图 5-7　Logstash 工作架构

① 输入

数据往往以各种形式分散或集中地存在于很多系统中。Logstash 支持各种输入选择，可以采集各种形式、大小和来源的数据，并可以在同一时间内从众多常用数据来源中捕捉事件。Logstash 也支持连续的流式传输方式，可以轻松地从日志、Web 应用、数据存储系统以及各种 AWS 服务中采集数据。

② 过滤器

过滤器是 Logstash 事件处理管道中的中间处理设备，起到实时解析和数据转换的作用。从数据采集到进入存储系统的过程中，Logstash 过滤器能够解析各个事件，识别已命名的字段以构建结构，并将结构转换成通用格式，如利用 Grok 插件从非结构化数据中派生出结构；从 IP 地址破译出地理坐标；将个人可识别信息（PII）数据匿名化，完全排除敏感字段等。Logstash 过滤器能简化整体处理过程，不受数据源、格式和架构的影响，更轻松、快速地分析数据并实现数据商业价值。

③ 输出

输出是 Logstash 事件处理管道的最后阶段，Logstash 提供众多输出选择，常用的输出包括以下几种。

a. Elasticsearch：即将事件数据发送到 Elasticsearch。Elasticsearch 是一个开源搜索和数据分析引擎，也具有分布式的实时文件存储功能。

b. File：即将事件数据写入磁盘上的文件。

c. 石墨：即将事件数据发送到石墨。石墨是一种流行的开源工具，用于存储和绘制指标图形。

（3）特点

Logstash 具有如下特点。

① 易于扩展定制

Logstash 采用可插拔框架，拥有 200 多个插件。每个阶段都可以使用多个插件配合工作，插件之间具有多种组合方式，可以根据不同的数据采集需求来创建和配置管道。

② 高可靠性

Logstash 构建了可信的交付管道，若 Logstash 节点发生故障，Logstash 会通过持久化队列保证至少将运行中的事件送达一次，那些未被正常处理的消息会被送往死信队列（dead letter queue），以便做进一步的处理。

③ 高安全性

Logstash 事件处理管道常用于多种用途，因此其使用会变得非常复杂，充分了解和监控管道自身性能和可用性非常重要。Logstash 具有监测和查看管道的功能，可以轻松观察和研究处于活动状态的 Logstash 节点或整个部署。

（4）环境要求

Logstash 部署简单，运行简便，仅依赖 Java 运行环境，所需 Java 版本为 Java 8 或 Java 11。

5.1.3　采集流程

数据采集是来自各种不同数据源的数据进入大数据系统的第一步，采集的性能将会影响一个时间段内大数据系统处理数据的能力。数据采集的通用流程是：解析传入的数据，做必要的验证，数据清洗并去重，对数据进行转换，最后将数据存储到某种持久层。具体流程如图 5-8 所示。

【微课视频】

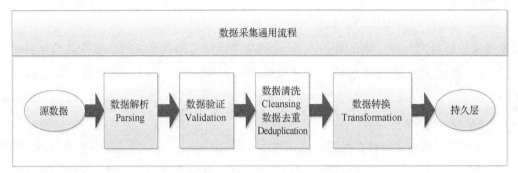

图 5-8　数据采集通用流程

1. Flume 实时数据采集流程

Flume 数据采集的核心过程是把数据从数据源收集过来，再送到目的地。为了保证传输成功，在送到目的地之前，Flume 会先缓存数据，等数据真正存储完成后，删除缓存的数据。

Flume 采用流式方式采集和传输数据，程序配置好后，不需要外部条件触发即实时监控数据源，并源源不断地采集、传送数据到目的地。Flume 当前已经提供了采集数据的客户端，基本能满足用户的数据采集场景需求，Flume 的数据采集通用流程如图 5-9 所示。

（1）选择 Flume 进行数据采集，需要先确定数据的流向。确定数据的流向是使用 Flume 进行数据采集的基础步骤，明确数据开始的位置和最终要写入的目标端，有利于 Flume 采集实施方案的初步形成。首先，确定数据源是在集群内还是集群外。如果是在集群内，那么可以直接通过 Flume 服务端采集；如果是在集群外，那么需要通过 Flume 客户端采集数据，再通过级联的方式将数据发给 Flume 服务端。然后，确定数据最终去向，如 HDFS、HBase、Kafka、Solr 等。

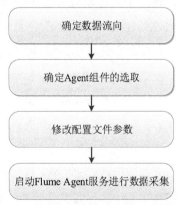

图 5-9　Flume 数据采集通用流程

（2）确定数据流向后，再确定 Agent 组件的选取。一个 Agent 由 Source、Channel 和 Sink 这 3 个组件构成，不同类型的 Source、Channel 和 Sink 可以自由组合，可以根据采集的需求，确定 Agent 组件的选取。Flume 传输数据的基本单位是 Event，Event 从 Source 流向 Channel 再到 Sink，Sink 将数据写入目的地，这里的每个配置组件都具有十分重要的作用。

（3）选取好 Agent 组件后，根据数据最终流向，修改配置文件参数，包括自定义 Source、Channel 和 Sink 名称，设置 Source、Channel 和 Sink 类型等。目前 Source 支持的类型有：Kafka、SpoolDir（从某个目录下采集数据）、HTTP（接收 HTTP 请求的数据）、TailDir（实时采集目录下的文件）、Avro（接收 Avro 协议的数据）。Channel 使用内存作为缓存区，Channel 配置项的类型可根据数据的可靠性要求进行选择，它支持的类型有 File Channel、Memory Channel 和 JDBC Channel。File Channel 可以持久化所有的事件（Event），并将事件存储到磁盘文件中；Memory Channel 将事件存储在内存中，可以实现高速的吞吐；JDBC Channel 将事件存储在持久化存储库中，JDBC Channel 当前支持它本身嵌入的 Derby 数据库。Source 配置项与数据源的最终去向有关，它支持的类型有 HDFS、HBase、Kafka、Avro、Solr。

（4）根据采集需求修改完配置文件参数后，启动 Flume Agent 服务进行数据采集，这是测试运行采集任务是否成功的最后步骤。启动 Flume Agent 服务的命令中，需要指明配置文件的所在目录和配置文件，并指明配置文件中 Agent 的名称。成功启动 Flume Agent 服务后，在数据最终要写入的目标端查看数据，确定数据采集任务是否执行成功。

Flume 在华为的 FusionInsight 产品中是一个收集、聚合事件流数据的分布式框架，相比于开源 Hadoop 生态系统中的 Flume 工具，它增加了一个 Flume 配置规划工具，支持 Flume 配置文件的生成，因此使用 Flume 进行数据采集更加简便高效。用户根据实际应用选择 Flume 名称，进入 Flume 配置页面添加相关的 Source、Channel、Sink，并填写相关的配置项参数，生成配置文件之后，即可上传配置文件进行调试。

2. 基于 Sqoop 的 Loader 批量数据采集流程

Loader 在开源数据采集工具 Sqoop 的基础上做了大量的优化和扩展，是实现 FusionInsight HD 与关系型数据库、文件系统之间交换数据、文件的一个数据加载工具。

作业用来描述一个将数据从数据源经过抽取、转换和加载后送至目的地的过程，执行作业需要明确数据源位置、数据源属性、从源数据到目标数据的转换规则及目标端属性。Loader 提供可视化的作业配置管理界面，操作简便；提供定时调度任务，周期性执行 Loader 作业；在界面中有可以指定多种不同的数据源、配置数据的清洗和转换步骤以及配置集群存储系统等的简便操作。Loader 的批量采集有以下几个步骤。

① 配置作业基本信息，包括作业名称、作业类型、数据源连接等。

② 配置作业的数据源属性，包括输入路径、文件分割方式、编码类型等。

③ 配置作业的数据转换规则。Loader 提供了丰富的作业转换规则，包括空值转换、分隔转换等 14 种，能将数据按不同的业务场景清洗转换成目标数据结构。

④ 配置作业的目标端属性，包括存储类型、文件类型、输出路径等。

⑤ 执行作业，查看并监控作业执行状态，如查看作业历史记录、脏数据、作业失败警告等。

Loader 除了提供图形化操作界面外，还提供了一套完整的 shell 脚本。通过 shell 脚本，可实现数据源的增删查改、作业的增删查改、启动作业、停止作业、查看作业状态和判断作业是否正在运行等功能，shell 脚本有以下 3 种。

① lt-ctl：作业控制工具，用于查询作业状态、启动作业、停止作业和判断作业是否正在运行。

② lt-ucj：作业管理工具，用于查询、创建、修改和删除作业。

③ lt-ucc：数据源管理工具，用于查询、创建、修改和删除数据源连接信息。

5.2 大数据运维

大数据运维是利用大数据技术，定义好各种运维指标，高频率地监控每台服务器的运行数据，并统一收集并加载日志到数据库中。同时，所有数据也会写入 Hadoop 集群，利用大数据技术对收集的数据做更多维度的离线分析，形成各种图表，在图表中将数据与正常指标进行对比，并与监控报警系统关联起来，实现对整个数据中心性能和可用性的监控、趋势分析，帮助运维人员及时调整资源。只有采集到更加有价值的数据，才能高效地分析数据，对数据的运维也能起到事半功倍的效果。

【微课视频】

5.2.1 数据更新

大数据时代，对数据进行维护和管理至关重要，特别是日志数据。数据运维人员可以通过日志较为准确且全面地知道系统或设备的运行情况，分析问题产生的原因，根据问题做出维护。日志离线批量采集的优点在于不会占用太多的 CPU 资源，没有日志量的瓶颈。Sqoop 可以对大批量的日志数据进行集中采集，采集过程中对于数据的加载入库，Sqoop 支持两种数据更新方式以满足不同的场景需求：全量导入和增量导入。

1. 全量导入

数据全量导入是将所有需要导入的数据从关系型数据库一次性导入 Hadoop 中（如 HDFS、Hive 等）。全量导入形式的使用场景为一次性离线分析场景，需要使用 sqoop import 命令，导入操作的重要参数及其说明如表 5-1 所示。

表 5-1　数据全量导入重要参数及其说明

参数	说明
--connect <jdbc-uri>	指定 JDBC 连接字符串
--username <username>	设置认证用户名
--password <password>	设置认证密码
--as-avrodatafile	导入 Avro 数据文件
--as-sequencefile	导入 SequenceFiles
--as-textfile	以纯文本格式导入数据（默认）
-m，--num-mappers <n>	使用 n 个 Mapper 任务并行导入，n 默认为 4
-e，--query <statement>	SQL 查询语句。该参数使用时必须指定--target-dir、--hive-table，在查询语句中一定要有 where 条件且 where 条件中需要包含$CONDITIONS
--split-by <column-name>	数据切片字段（int 类型，m>1 时必须指定）
--target-dir <dir>	HDFS 目标目录（确保目录不存在，否则会报错，因为 Sqoop 在导入数据至 HDFS 时会在 HDFS 上创建目录）
--where	从关系型数据库导入数据时的查询条件
--null-string <null-string>	string 类型空值的替换符
--null-non-string <null-string>	非 string 类型空值的替换符

2．增量导入

在生产环境中，系统可能会定期从与业务相关的关系型数据库向 Hadoop 导入数据，并在导入数据后进行后续的离线分析。面对这样的定期导入需求时，不能再将所有数据重新导入一遍，而是需要增量导入数据。

数据增量导入分两种方式，即基于递增列的数据增量导入（append）方式和基于时间列的数据增量导入（lastmodified）方式。可以使用--incremental 参数指定要执行的增量导入类型。

（1）基于递增列的数据增量导入（append）方式

数据表有一个唯一标识自增列 ID，使用 append 方式导入数据时，随着 ID 值的增加，将不断添加新行。append 方式的重要参数及其说明如表 5-2 所示。

表 5-2　基于递增列的数据增量导入重要参数及其说明

参数	说明
--incremental	-incremental append 表示将递增列值大于阈值的所有数据增量导入
--check-column	递增列（int）
--last-value	阈值（int）

Sqoop 选择 append 方式增量导入行，需指定包含 ID 的列--check-column，并指定上一次导入时检查列的最大值--last-value。如果不设置--last-value 参数，那么会导入表中的所有数据，导致数据冗余。

例如，一个订单表包含一个唯一标识自增列 ID，列名为 order_id，其在关系型数据库中以主键形式存在。在上一次的数据导入中已经将 ID 值在 0～50 000 的订单数据导入到 HDFS中，过了一周之后，再根据需求将近期产生的新的订单数据导入 HDFS 中。在使用 Sqoop 工具进行增量导入时，需要指定--incremental 参数为 append，--check-column 参数为 order_id，--last-value 参数为 50 000，表示将 order_id 值大于 50 000 的订单数据导入 HDFS。

（2）基于时间列的数据增量导入（lastmodified）方式

lastmodified 方式是一种基于时间列的数据增量导入方式。在表中需要更新数据时可使用lastmodified 方式导入数据，检查列--check-column 必须是一个时间戳或日期类型的字段，用于增量导入--last-value 指定的日期之后的记录。lastmodified 方式的重要参数及其说明如表5-3 所示。

表 5-3　基于时间列的数据增量导入重要参数及其说明

参数	说明
--incremental	--incremental lastmodified 表示将递增列值大于阈值的所有数据增量导入
--check-column	时间列
--last-value	阈值

5.2.2　数据维护与修正

数据收集过程中也会出现错误，数据出错的情况有很多种：数据过时、数据格式错误、数据内容错误、数据多余或不完整等。要想从数据中得到有价值的信息，关键是要保证数据采集过程中数据的完整性与正确性。如果采集到的数据出错或采集任务失败了，那么运维人员需要采取恰当的管理手段来解决问题。

在数据采集阶段，数据的维护与修正可以从采集任务执行质量统计、采集数据项检查、采集间隔这 3 个方面进行。

采集任务执行质量统计，即检查采集任务的执行情况，包括统计数据采集任务的成功率、采集数据的完整性。若发现采集任务失败或采集数据异常，则需记录详细信息，以便运维人员采取相应措施，如重新制订采集方案，或对数据进行清洗处理等。

采集数据项检查，需要对数据的完整性、正确性进行检查分析。发现数据不完整时需要自动进行补采或重新采集，提供数据异常事件记录和告警功能，对异常数据进行清洗，保证采集的数据具有唯一性和真实性。

在采集工具的配置文件中，通过修改配置参数可以合理调整采集的任务，如设置采集任务的间隔时间、任务执行的起止时间、定时自动执行采集任务等。

5.3 小结

本章主要介绍了数据采集的基本内容，包括数据采集的定义、作用、数据来源、技术与方法和数据采集系统的结构。另外，重点介绍了数据的采集工具和基本流程。最后，本章还介绍了数据采集的数据更新方式和数据采集阶段的数据维护与修正方式。

5.4 习题

（1）难以实现实时数据导出的数据采集工具是（　　　）。

A．Flume　　　　　B．Scribe　　　　　C．Sqoop　　　　　D．Chukwa

（2）对于 Flume 数据采集中的 Source、Channel、Sink 组件，下列说法错误的是（　　　）。

A．Channel 对 Source 提供的数据进行缓存

B．Source 负责收集日志数据

C．Sink 用于把数据写入相应的文件存储系统、数据库

D．Source 负责对源数据进行缓存

（3）对于 Chukwa 中的 Adaptor 和 Agent，下列说法正确的是（　　　）。

A．Agent 是直接采集数据的接口

B．Adaptor 负责采集源数据

C．一个 Agent 可以管理多个 Adaptor 的数据采集

D．所有数据都通过一个 Adaptor 来实现

（4）对于 Logstash 事件处理管道，下列说法错误的是（　　　）。

A．Logstash 事件处理管道包括 3 个阶段，即输入、过滤器和输出

B．输入端进行数据的采集

C．过滤器是 Logstash 管道中的中间处理设备，主要负责缓存数据

D．输出端用于把数据输出到目标数据库中

（5）Sqoop 工具不支持（　　　）的方式进行数据更新。

A．数据实时导入　　　　　　　　　　B．数据全量导入

C．基于时间列的数据增量导入　　　　D．基于递增列的数据增量导入

第 6 章
数据存储

06

智能计算的发展离不开大数据的支持，因而数据存储也显得尤为重要。"二十大"报告指出"坚持面向世界科技前沿、面向经济主战场、面向国家重大需求、面向人民生命健康，加快实现高水平科技自立自强"。随着互联网的快速发展，数据量越来越大，数据存储有利于智能计算中数据的保存、管理和查看，为后期计算提供了便利。本章将简单介绍分布式文件系统、云存储和数据库可视化工具的基础知识。

【学习目标】

① 了解分布式文件系统的基础知识。
② 了解云存储的相关基础内容。

③ 熟悉数据库可视化工具的常用功能。

【素质目标】

① 强调创新的重要性。
② 提升学生的灵活应变能力。

③ 形成精益求精的工作作风。

6.1 分布式文件系统

在大数据时代，块设备和文件设备都在横向扩展虚拟化，并提供丰富的软件对外接口，但这对文件存储横向扩展能力要求更高，硬件设备通常会扩展到百节点以上。文件系统也由本地文件系统向集群式文件系统和分布式文件系统扩展。

6.1.1 文件系统简介

【微课视频】

随着计算机网络技术的迅猛发展以及移动互联网的迅速崛起，大数据带来了海量存储压力，这在不同场景下催生出不同的分布式存储技术，现代存储技术正在向分布式、大规模集群化的方向发展。

文件系统（File System）是一种存储和组织计算机数据的方法，能使数据访问和查找变得容易。文件（File）是数据以某种特定的组织方式构成的数据集合，供文件系统用于管理存储空间。

对于文件，元数据（Metadata）是保存文件属性的数据，如文件名、文件长度、文件所属用户组和文件存储位置等。传统文件系统基于数据块进行操作，数据块（Block）是存储文件的最小单元。数据块将存储介质划分成固定的区域，使用时按区域分配使用空间。

文件系统是管理和组织保存在磁盘驱动器上数据的系统软件，是操作系统的重要组成部分。文件系统将文件组织成树结构的形式进行管理，通过抽象化自身管理的存储资源对外提供统一的访问接口，并对用户屏蔽具体的实现细节。按照底层数据存储结构和管理范围的不同，文件系统分为本地文件系统（Local File System）和分布式文件系统（Distributed File System）。

6.1.2　分布式与分布式文件系统

随着网民数量不断攀升，互联网信息呈现爆炸式增长态势。单机的本地文件系统已经无法满足大型互联网应用的存储需求，因此，通过计算机网络相连接的多节点分布式文件系统成为当前互联网应用的存储基石。

【微课视频】

1．分布式

移动通信网络环境的不断完善以及智能手机的进一步普及促使移动互联网迅猛发展。移动端的网络应用每天产生海量的文本、图片、音视频等小容量文件，传统的文件存储方式已经不能满足当前系统对于存储空间和访问效率的要求。

分布式指的是文件、数据被切块，分散存储到不同存储节点的每一块硬盘上。当前的分布式文件存储系统大多对文件进行分片存储，并对文件元数据进行集中管理。这种存储方式可以对大文件实现高效存储，但是用于小文件存储时，会存在元数据服务器容量受限、访问效率低下和存储资源利用率不高等问题。

2．分布式文件系统

（1）概念

分布式文件系统（Distributed File System）指文件系统管理的物理存储资源通过计算机网络互连的服务器集群（服务器之间可以相互通信与协调），构成的一个可以共享存储空间的大规模系统。

常见的分布式文件系统一般基于客户端与服务端（C/S）模式进行设计，包括多个供用户访问的服务器和供用户调用的客户端，服务器之间的对等特性允许一些服务器扮演客户端和服务端的双重角色。

（2）基本架构

尽管分布式文件系统的种类很多，但分布式文件系统一般都会采用 M/S 架构，如图 6-1

所示。分布式文件系统一般由控制服务器、存储服务器和客户端 3 个部分构成。控制服务器主要负责整个分布式文件系统的管理、调度和控制等；存储服务器通常有多台，用于数据的存储与备份；客户端是用户使用的一端，用户通过客户端对分布式文件系统内的数据进行存储和访问。分布式文件系统在吞吐量、I/O 性能方面具有较强的优势，并且有良好的扩展性。分布式文件系统将多个存储服务器的存储资源进行统一管理和整合，组织成一个整体，统一对外提供聚合的存储容量和 I/O 带宽。此外，分布式文件系统利用控制服务器定位数据所在的存储节点，然后将数据存储节点的地址返回给客户端，提高了系统的整体可用性、可靠性和可扩展性。

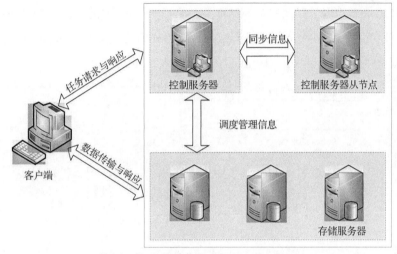

图 6-1　分布式文件系统的一般架构图

分布式应用的快速推广与普及对分布式文件系统的发展方向产生重要影响，不同类型的分布式应用特征各异，导致分布式应用对分布式文件系统的性能需求不同。当前分布式文件系统大部分是针对特定的应用类型进行设计的。例如，市场普及率最高的、典型的数据密集型分布式应用——搜索引擎，它的系统性能若仅仅依赖本地文件系统的基本功能，远远无法满足海量用户访问的需求，因此，为提高响应速度，搜索引擎均采用分布式文件系统进行数据存储。

6.1.3　常见的分布式文件系统

Google 根据自身业务需求研发的高性能分布式文件系统 GFS 和 Apache 开发的开源分布式文件系统 HDFS 均是针对搜索引擎的应用需求进行设计的分布式文件系统。同时，GFS 和 HDFS 针对大量 MapReduce 分布式计算的使用场景，对大文件存储做了专门优化。FastDFS 是为满足海量图片的高效存储需求进行设计的，适合存储小文件。

1. GFS

（1）简介

GFS 是由 Google 公司设计开发的高性能分布式文件存储系统，用于满足 Google 迅速增长的数据存储和处理需求，由许多廉价易损的普通组件组成，具有较好的容错性和可扩展性。Google 根据公司的实际应用场景及业务需求，对传统分布式文件系统的设计思想进行了针对性的改进。在 GFS 中，组件失效是一种常态，需要迅速地监测、冗余并恢复那些失效的组件。此外，GFS 针对大文件存储进行设计，保证多用户并发操作时数据追加的原子性。

（2）系统架构

GFS 系统架构图如图 6-2 所示。GFS 集群由 3 个角色构成：控制节点（Master）、数据块节点（Chunk Server）和客户端（Client）。控制节点负责存储管理文件元数据以及协调系统整体活动；数据块节点用于存储并维护文件分割之后产生的数据块（Chunk）并支持客户端读写文件数据；客户端向控制节点请求元数据，然后根据元数据的信息访问对应数据块节点上的文件数据。

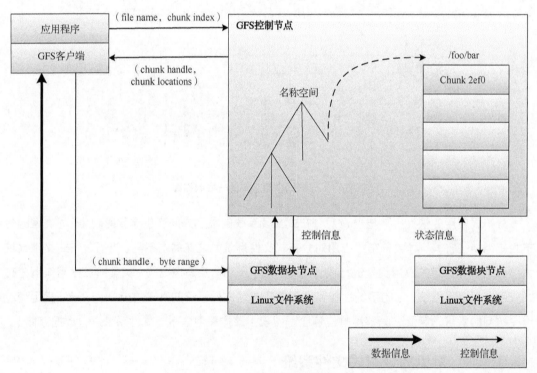

图 6-2　GFS 系统架构图

GFS 将文件分割为若干数据块，每个数据块的大小是固定的，一般为 64MB。每个数据块有一个全局唯一、不变的 64 位 ID 标识，称为 chunk handle，chunk handle 是在数据块创建时由控制节点分配的。每个数据块以普通 Linux 文件的形式存储在数据块服务器上，为提高系统的可用性，GFS 中会存储数据块的多个副本，副本数默认为 3，可以通过修改配置文件进行设置。

控制节点用于存储并维护 GFS 系统中的所有元数据，元数据包括命名空间、文件和 Block

的映射关系（文件包括哪些 Block），以及每个 Block 副本的存放位置等信息，此外还需加入额外的描述信息，用来校验。同时，控制节点还负责系统整体的管理与协调工作，如租约管理、孤儿块的垃圾收集和数据块服务器之间的块转移。控制节点以心跳的方式与系统内的每一个数据块服务器进行通信，发送指令并获取状态信息。用户通过客户端与控制节点、数据块服务器进行交互，客户端与控制节点之间仅进行元数据的访问操作，文件块的读写存在于客户端与数据块服务器之间。

依据图 6-2 所示的系统架构图，在客户端与数据块服务器的交互过程中才有数据信息。当用户应用程序需要读取某个特定文件的数据时，因为数据块是定长的，所以客户端可以计算出这段数据跨越了几个数据块。客户端将文件名和需要的数据块索引发送给控制节点，控制节点根据文件名查找命名空间和文件与数据块的映射表，得到数据块副本的存储位置，然后将数据块的 chunk handle 和所有副本的存储位置返回给客户端。客户端根据一定的选择策略选取一个副本，然后与副本所在的数据块服务器建立连接，索取所需要的数据，数据块服务器将文件数据发送给客户端。

2. HDFS

（1）简介

HDFS 是 Apache 软件基金会根据 GFS 的论文概念模型设计实现的开源分布式文件系统，用于作为 Hadoop 的存储系统。HDFS 作为 GFS 最重要的实现之一，与 GFS 的设计目标高度一致。

（2）系统架构

HDFS 的系统架构图如图 6-3 所示。HDFS 系统整体由 NameNode 节点、DataNode 节点和客户端 3 个角色构成。在 HDFS 中，NameNode 节点是中心服务器，保存分布式系统中与 DataNode 节点相关的信息，主要包括 DataNode 节点的位置信息、DataNode 节点上的数据信息以及各副本的位置信息，并负责管理文件系统的 NameSpace 和客户端对文件的访问。

DataNode 节点用于保存系统中的文件数据。每个 DataNode 节点将存储空间分割为大小为 64MB 的数据块（Block），文件数据就存储在这些数据块中。DataNode 与数据块之间的对应信息，以元数据的形式保存在 NameNode 上。出于对可靠性的考虑，HDFS 采用一定的副本策略，将多个副本分配至不同的 DataNode 节点，而 NameNode 节点中保存了这些映射信息。

客户端是应用程序访问元数据（Metadata）的代理，应用程序通过客户端将要访问的数据块信息发送到 NameNode 节点。NameNode 节点通过查询相应的元数据信息，获取数据块和 DataNode 之间的对应关系，查找到具体存储数据块的 DataNode 节点，然后将 DataNode 信息发送至客户端。客户端接收到 NameNode 节点发送的信息之后，访问对应的 DataNode 节点，从而对元数据进行读写操作。

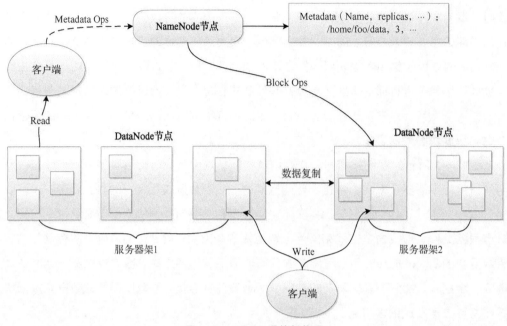

图 6-3　HDFS 系统架构图

3. FastDFS

（1）简介

FastDFS 是一款轻量级、开源的分布式文件存储系统，由前淘宝架构师余庆开发。FastDFS 专门针对互联网应用进行设计，主要用于存储海量小文件，其主要功能包括：文件存储、文件删除、文件上传、文件下载等，应用场景包括图片网站、视频网站等。

（2）系统架构

FastDFS 系统架构图如图 6-4 所示。FastDFS 包含 3 个角色：客户端（Client）、跟踪服务器（Tracker）和存储服务器（Storage Server）。跟踪服务器负责文件访问的调度、系统管理以及负载均衡。存储服务器负责文件存储、文件同步和对外提供文件访问的接口。

FastDFS 支持动态扩容，跟踪服务器和存储服务器都至少包含一台服务器。在系统运行过程中，服务器可以随时加入跟踪服务器或存储服务器所在的集群，而不影响系统中其他原有服务器的正常运行。在 FastDFS 中，存储服务器被划分为多个分组（Group），不同分组中存储的文件是相互独立的，所有分组一起对外提供完整的文件存取服务。每个分组由一台或多台存储服务器构成，同一分组中的存储服务器之间为对等关系，存储的文件是相同的，它们互为冗余备份并可以分担负载。当有新的存储服务器加入分组时，分组中原有的存储服务器会将已经存在的文件同步至新加入的服务器，同步完成后系统会将该服务器的状态改为在线，此时新加入的服务器便可对外提供存储服务了。FastDFS 系统的整体容量等于各分组容量之和，由于分组中的各个存储服务器互为全冗余，所以单个分组的容量等于该分组中存储

空间最小的那台存储服务器的容量。在 FastDFS 中，当系统存储容量不足时，可以通过增加
分组的方式进行横向扩容。

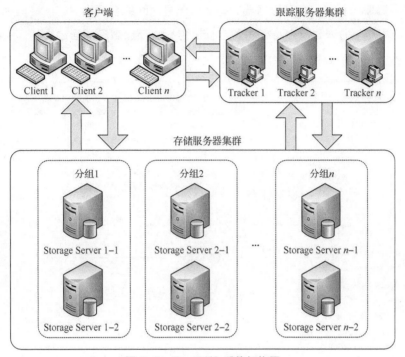

图 6-4　FastDFS 系统架构图

文件上传过程如图 6-5 所示。在上传文件时，客户端将上传请求发送至跟踪服务器，跟
踪服务器查询各存储服务器的状态信息并根据一定的负载均衡策略选取可用的存储服务器，
然后将相应信息返回给客户端。客户端收到信息后直接与相应的存储服务器建立连接，进行
文件上传，完成后存储服务器会生成一个文件标识符并返回给客户端，之后在执行下载操作
时需要使用该文件标识符。

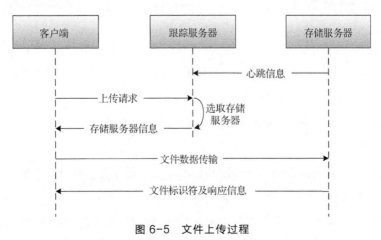

图 6-5　文件上传过程

文件下载过程如图 6-6 所示。在下载文件时，客户端将下载请求发送至跟踪服务器，下载请求中包含文件标识符（File ID）。跟踪服务器通过解析文件标识符获取文件所在分组，然后在分组中选取一个可用存储服务器，将相应信息返回给客户端。客户端直接与相应的存储服务器进行通信，并发送文件标识符给存储服务器，存储服务器通过文件标识符找到客户端请求的文件，将文件数据返回给客户端，完成文件下载。

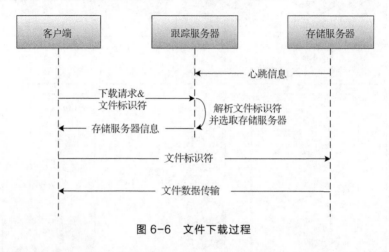

图 6-6　文件下载过程

6.2　云存储配置

在传统的存储架构中，随着产生数据量的不断增加，若一味地增加存储设备的数量，而对于在设备增加过程中出现的单点故障没有相应的解决措施，则故障点中的数据很可能将永久丢失并不可恢复。为了解决负载均衡和冗余纠错的问题，云存储应运而生。

【微课视频】

6.2.1　云存储简介

传统存储是为了满足单一应用或场景建设的，而且不能满足弹性扩展的需求。渐渐地，存储技术由最初的直连存储（Direct Attached Storage，DAS）向网络附加存储（Network Attached Storage，NAS）发展，后发展为存储区域网络（Storage Area Network，SAN），再发展为分布式存储（Distributed Storage），而今发展到云存储。

1. 来源和特性

云存储作为存储领域异军突起的一项新技术，正在逐步占据着存储市场，并在各行各业发挥着不可估量的作用。

云存储是在云计算概念上延伸和发展出来的一个新概念，是一种新兴的网络存储技术。针对传统存储架构出现的负载均衡和冗余纠错问题，云存储提供了两个特性：云存储内部的所有存储节点都虚拟成一个统一的存储资源池，由统一接口对外提供服务，通过伪随机算法，自动实现负载均衡，将数据分配交由底层处理，既减少了工作量，又提高了准确度；云存储具有高安全性，集群中内置纠删和副本等多种安全机制，将原始数据进行加工，构建冗余数据，并平均分配到各个节点中，一旦原始数据丢失，集群中的其他节点就可以根据冗余数据来恢复原始数据，实现安全机制。所以云存储不只是简单的存储，而是计算加存储。

2. 概念

云存储是指通过集群应用、网络技术或分布式文件系统等功能，将网络中大量不同类型的存储设备通过应用软件集合起来工作，共同对外提供数据存储和业务访问功能的一个系统。

3. 结构模型

云存储不同于传统存储，不是某一个存储设备，而是使用整个云存储系统的一种数据访问服务。云存储系统的结构模型由存储层、基础层、接口层和用户访问层这 4 层组成，如图 6-7 所示，具体如下。

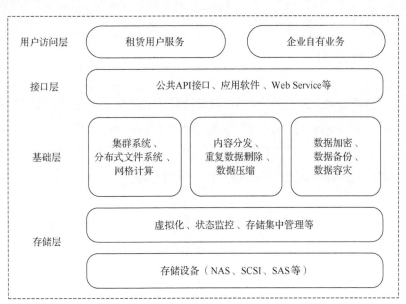

图 6-7　云存储系统的结构模型图

（1）存储层是云存储最基础的底层。存储设备可以是 SAN 或 NAS，也可以是 SCSI 或 SAS 等 DAS 存储设备。在存储设备之上是一个统一存储设备管理系统，可以实现存储设备的逻辑虚拟化管理、多冗余管理，以及设备的状态监控和维护等。

（2）基础层是云存储最核心的部分，通过集群、分布式文件系统和网格计算等技术，实现云存储中多个存储设备之间的协同，使多个存储设备可以对外提供同一种服务，并提供强大的数据访问性能。重复数据删除和数据压缩技术着眼于减少数据量。CDN 内容分发、数据加密技术保证数据不会被非法访问，同时，数据备份和容灾技术可以保证数据的安全，防止丢失。

（3）接口层具有多种协议接口，能根据系统灵活适配，开放不同的服务接口，提供不同的应用服务。

（4）用户访问层支持任何授权用户通过标准的登录页面进行访问并享受服务，如数据存储服务、空间租赁服务、公共资源服务、多用户数据共享服务、数据备份服务等。云存储根据不同的访问对象，提供不同的访问类型和访问手段。

4. 特点

在云存储实现过程中，为保证存储系统的可靠性，需要将数据复制多份进行灾备。在数据规模急剧增长时，需要对传统的数据库进行分库拆分，线性扩展，从而保证数据的安全。云存储特点很多，主要包括：云存储支持海量数据存储，资源可以实现按需扩展，即高可扩展性；相比较传统磁盘阵列，云存储更多使用 PC 服务器，具有更高的性价比，即低成本；相比传统存储，云存储强调用户存储的灵活支持，以多种存储方式存储数据，支持外部随时访问，即软硬件分离。

6.2.2　存储方式

云存储根据技术分类主要分为块存储、文件存储和对象存储。云存储有不同的开源项目，如 Ceph、GlusterFS、Sheepdog、Swift；还有不同的商业实现，如 Google、AWS、微软、阿里云等。虽然每个云存储厂商的实现方式各不相同，可选的硬件种类也非常多，但云存储解决的问题是相同的，即存储容量、存储性能和安全性问题。

1. 块存储

最初的服务器的计算和存储是合一的，服务器使用本地磁盘存储数据，这就是块存储的雏形。在这个时期，虽然服务器内部总线链接磁盘可以达到很低的时延，但是服务器可以承载的磁盘数量有限，在容量、带宽和可靠性上有所欠缺。

随着 IT 的发展，数据越来越多，对数据可靠性的要求也越来越高，就有了计算、存储分离的需求，因此出现了存储阵列。传统的磁盘阵列采用"控制器+磁盘框"的架构，控制器采用双机头或者多机头设计，可靠性更高，通过扩展磁盘框，存储容量相比服务器本地磁盘也有了成百上千倍的提高，并独立地通过 FC 交换机或者 IP 交换机与服务器相连，形成现代的块存储。

块存储是提供接口（如 iSCSI 协议）的云存储系统，向应用的数据库或文件系统提供原始块存储空间。将大量磁盘设备通过 SCSI、SAS 或 FC SAN 与存储服务器连接，服务器直接通过 SCSI、SAS 或 FC 协议控制和访问数据。

近几年，云存储技术快速发展，块存储逐步向分布式发展，在保证性能的前提下，降低了成本。传统块存储与分布式块存储各有优缺点，如表 6-1 所示。

表 6-1　传统块存储与分布式块存储的比较

类别	优点	缺点
传统块存储	采用 RAID 方式，对数据提供保护，数据安全性高	采用 SAN 组网时，网络必须配置光纤交换机，造价高
	I/O 性能高，读写速度快	磁盘阵列扩展性差
	具有专门的传输协议及数据封装协议，准确的数据传输	数据共享性差
分布式块存储	存储动态扩展和删除节点	需要专业的存储软件
	高 I/O 并发性能，全对称的存储节点集群	技术发展不成熟，对于数据库强一致性保障差（如计费）
	数据多份冗余（一般 3 份），支持快照能力，数据安全	X86 稳定性相对于传统高端磁盘阵列差
	低成本的 X86 服务器，造价低	分布式管理软件功能不完善

DAS 和 SAN 是两种典型的传统块存储，分布式块存储的代表有 EMC ScaleIO、中国移动的 BC-EBS 和华为的 FusionStorage。

华为 FusionStorage 是一款可大规模横向扩展的智能分布式存储产品，是既具备云基础架构的弹性按需服务能力、又满足企业级关键业务需求的全自研存储系统，能够满足云计算数据中心存储基础设施需求。作为分布式块存储软件的华为 FusionStorage 可以将通用 X86 服务器的本地 HDD、SSD 等介质通过分布式技术组织成一个全分布式大规模存储资源池，对上层的应用和虚拟机提供工业界标准的 SCSI 和 iSCSI 接口，类似虚拟的分布式 SAN 存储，为上层应用提供块存储、对象存储、大数据存储或文件存储，满足结构化、非结构化等多类型的数据存储需求，满足云和 AI 时代复杂的业务负载对存储提出的更高性能、容量和扩展性需求。

目前，分布式块存储刚刚起步，技术还不成熟。由于产品较少，分布式块存储应用不够广泛，所以灵活扩展的特性还不能充分发挥。

块存储适用于应用系统跟存储系统耦合程度紧密的场景，如计费维护库、计费数据库、经济分析数据库、客户关系管理（CRM）数据库等。

2. 文件存储

文件存储是提供文件接口（如可移植操作系统接口（POSIX）协议）的云存储系统，以标准文件系统接口形式向应用系统提供海量非结构化数据存储空间。文件存储解决存储大量数据的问题，以及多用户之间的资源共享问题。

块存储无法直接在操作系统中使用，必须对块存储进行格式化并创建文件系统后才能使用，操作系统中的数据都是按照文件的格式存放的。随着 IT 系统的进一步发展，企业内的协同办公诉求出现，需要将同一个目录或文件夹共享给多个主机访问，这时便出现了共享文件系统，如图 6-8 所示，服务器通过 CIFS 或 NFS 共享文件协议，将目录或文件夹共享给多个分配了 IP 的主机访问，形成共享文件存储。

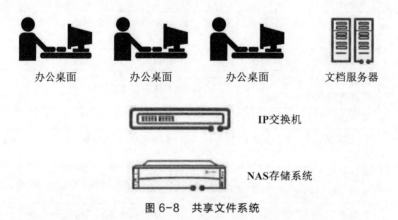

办公桌面　　　　　办公桌面　　　　　办公桌面　　　　　文档服务器

IP交换机

NAS存储系统

图 6-8　共享文件系统

文件存储有很多优点，如相比于块存储，文件存储的造价较低，只需要普通外网就可以实现，不需要专用的 SAN 网络，并且文件共享程度高。

文件存储的主要缺点是读写速度低，传输速率慢。相比于块存储，文件存储的协议开销较高，响应延迟较长。文件存储一般用来存储大量的静态或动态数据，支持文件的在线编辑，支持多用户的同时并发读写，适用于应用系统和存储系统耦合程度中等的情况，如桌面云。

3. 对象存储

随着互联网的兴起，许多互联网应用需要通过终端设备由公网访问数据，支持 HTTP 或 HTTPS 协议的对象存储就被大规模使用。

对象存储是提供对象接口（如 HTTP 协议）的云存储系统，向应用系统提供海量非结构化数据存储空间。对象存储系统的目标是提供面向 Internet 的简单存储服务，访问接口简单。

对象存储主要是将多台服务器内置大容量硬盘，再安装对象存储管理软件，用于管理其他服务器，并提供读写访问的功能。对象存储的核心是将数据通路和控制通路分离，并且基于对象存储设备构建存储系统，每个对象存储设备具有一定的智能性，能够自动管理自身的数据分布。

对象存储示意图如图 6-9 所示。对象存储支持应用端通过 API 调用的方式存取数据，并且采用分布式的架构设计，具备大容量、高可靠的特点。对象存储兼顾了块存储的高读写特性和文件存储的共享性，协议开销高，响应延迟比文件存储长，但访问的范围更广，一般用来存储长期的静态数据。对象数据多为非结构化数据，不支持在线修改和扩展，应用系统与存储系统耦合程度也比较松散。对象存储目前多应用于公有云的视频类业务。

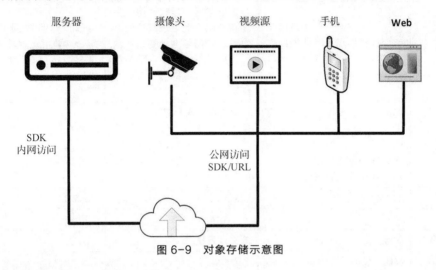

图 6-9　对象存储示意图

4．应用实例

块存储适用于数据库、ERP 等企业核心应用的存储，具有三大存储中最低的时延，可存储各种大小的文件。

文件存储适用于 HPC、企业 OA 等存储数据被多个计算机点共享的场景，具备 PB 级别的容量和 ms 级别的时延。

对象存储的分布并发能力高，适用于大数据、物联网、备份归档等场景，具有 EB 级别的容量和三大存储中最高的数据可靠性。

块存储、文件存储和对象存储这 3 种存储方式在华为云服务中的应用分别为云硬盘（Elastic Volume Service，EVS）、弹性文件服务（Scalable File Service，SFS）和对象存储服务（Object Storage Service，OBS），三者的对比如表 6-2 所示。

表 6-2　云硬盘、弹性文件服务和对象存储服务的对比

对比维度	云硬盘	弹性文件服务	对象存储服务
作用	云硬盘类似 PC 中的硬盘，可以为云服务器提供高可靠、高性能、规格丰富并且可弹性扩展的块存储服务，可满足不同场景的业务需求	弹性文件服务类似 Windows 或 Linux 中的远程目录，提供按需扩展的高性能文件存储，可为多个云服务器提供共享访问	提供海量、安全、高可靠、低成本的数据存储能力，可用户存储任意类型和大小的数据
存储数据的逻辑	存放的是二进制数据，无法直接存放文件，如果需要存放文件，需要先格式化文件系统	存放的是文件，会以文件和文件夹的层次结构来整理和呈现数据	存放的是对象，可以直接存放文件，文件会自动产生对应的系统元数据，用户也可以自定义文件的元数据

续表

对比维度	云硬盘	弹性文件服务	对象存储服务
访问方式	只能在云服务器或物理服务器中挂载使用，不能被操作系统应用直接访问，需要格式化成文件系统访问	在云服务器中挂载使用，需要指定网络地址进行访问，也可以将网络地址变为本地目录后进行访问，使用的是 NFS 和 CIFS 的网络文件系统协议	可以通过互联网或专线访问，需要指定地址，使用的是 HTTP 和 HTTPS 等传输协议
使用场景	如高性能计算（高速率、高 IOPS 需求，用于高性能存储，如工业设计、能源勘探）、企业核心集群应用、企业应用系统和开发测试等	如高性能计算（高带宽需求，用于共享文件存储，如基因测序、图片渲染）、媒体处理、文件共享、内容管理和 Web 服务等	如大数据分析、静态网站托管、在线视频点播、基因测序和智能视频监控等
容量	TB 级别	PB 级别	EB 级别
时延	1～2ms	3～10ms	10ms
IOPS/TPS	单盘 33K	单文件系统 10K	千万级
带宽	MB/s 级别	GB/s 级别	TB/s 级别
是否支持数据共享	是	是	是
是否支持远程访问	否	是	是
是否支持在线编辑	是	是	否
是否能单独使用	否	是	是

6.3 数据库

数据库（DataBase，DB）是按照数据结构来组织、存储和管理数据，建立在计算机存储设备上的仓库。数据库技术产生于 20 世纪 60 年代末，经过多年的迅猛发展，已经形成了完整的理论与技术体系，并成为计算机科学与技术中的一个重要分支。现在信息资源已成为各个部门的重要财富和资源，建立一个满足各级部门信息处理要求且行之有效的信息系统已成为一个企业或组织生存和发展的重要条件。目前，基于数据库技术的计算机应用已成为计算机应用的主流。

【微课视频】

6.3.1 数据库系统基础

数据（Data）是描述事物的符号记录。从广义上理解，数据的种类很多，如文字、图形、图像、声音、语言、学生的档案记录、货物的运输情况等。数据库是存储、管理数据的仓库，它具有对数据的检索、存储、多用户共享访问的能力，并且设法使数据的冗余度尽可能小。为管理数据库而设计的软件系统称为数据库管理系统。数据库按照存储的数据模型，可分为关系型数据库和非关系型数据库。

数据库一般采用索引提升查询效率。通过采用合适的索引对数据进行排序；在查询时，通过索引算法，快速查找数据。数据库操作是基于事务的。事务是一组有序的数据库操作指令，当多个事务需要同时执行时，通过控制多个并行事务轮流执行，能够避免多个并发事务同时执行。

数据库主要具备以下特点。

（1）数据共享。数据库中的数据可以同时被多人查询和写入。

（2）数据冗余度降低。与文件系统相比，数据库实现了数据共享，从而避免了文件的复制，降低了数据冗余度。

（3）数据独立。数据库中的数据和业务是独立的。

（4）数据一致性和可维护性。数据库中的数据应当保持一致，以防数据丢失和越权使用。从而实现在同一周期内，既能允许对数据实现多路存取，也能防止用户之间的数据操作相互影响。

（5）故障恢复。可以及时发现故障和修复故障，从而防止数据被破坏。

6.3.2 关系型数据库

关系型数据库是创建在关系模型基础上的数据库，借助于集合代数等数学概念和方法处理数据库中的数据。现实世界中各种实体与实体之间的各种联系均用关系模型来表示。关系模型是由埃德加·科德于 1970 年首先提出的，如今社会上虽然对此模型有一些批评的声音，但它还是数据存储的传统标准。关系型数据库把复杂的数据结构归结为简单的二维表格形式，表格之间的数据关系通过主外键关系维持。标准数据查询语言 SQL 就是一种基于关系型数据库的语言，执行 SQL 语言可以对关系型数据库中的数据进行增、删、改、查等基本操作，也可以维护数据库、定义数据表的结构等。

关系型数据库有以下几种。

（1）MySQL。是开源的关系型数据库系统，由于 MySQL 具备性能高、成本低、可靠性强的特点，使其成为了流行的开源数据库，被广泛用于各种规模的应用系统中。

（2）Oracle。由 Oracle 公司开发，在数据库领域一直处于领先地位。

（3）MariaDB。Oracle 公司收购 MySQL 后，大幅调高了 MySQL 商业版的售价，并且，Oracle 公司不再支持另一个被其收购的开源软件 OpenSolaris 的发展，从而导致了社区对 MySQL 前景的担忧。在这样的背景下，MySQL 创始人以 MySQL 为基础，成立了分支计划

MariaDB。

（4）Microsoft SQL Server。由微软公司开发，主要运行在 Windows Server 中。

（5）PostgreSQL。PostgreSQL 是一个免费的对象关系型数据库服务器（ORDBMS）。PostgreSQL 与免费的 Apache 和 Linux 项目一样，不是由单个公司控制的，而是由基于开发人员和企业的全球社区维护的。

（6）Microsoft Office Access。Microsoft Office Access 是由微软发布的关联式数据库管理系统，它结合了 Microsoft Jet Database Engine 和图形用户界面两项的特点，是 Microsoft Office 的系统程序之一。Microsoft Office Access 能够存取 Access/Jet、Microsoft SQL Server 和 Oracle 数据库，以及任何 ODBC 兼容数据库内的资料。

几乎所有的数据库管理系统都配备了一个开放式数据库连接（ODBC）驱动程序，令各个数据库之间得以互相集成。

6.3.3　NoSQL 数据库

NoSQL（Not Only SQL）一词最早出现于 1998 年，是卡洛·斯特罗齐（Carlo Strozzi）开发的一个轻量、开源、不提供 SQL 功能的关系型数据库。NoSQL 是一个通用术语，即非关系型数据库，不同于传统的关系型数据库，非关系型数据库一般不采用 SQL 作为查询语言。随着互联网的发展，人们发现关系型数据库能很好地处理表格型数据，但在某些业务场景下，如为大型文档创建索引、高流量网站的网页服务和发送流式媒体等，需要存储的数据并不能简单地抽象为二维表格，存储的数据字段并不能确定，传统的关系型数据库在应付超大规模和高并发的系统上已经显得"力不从心"，非关系型数据库就在这样的背景下产生了。

NoSQL 数据库主要适用于数据量大、数据模型比较简单、对数据库性能要求较高、需要节省开发成本和维护成本、不需要高度数据一致性等的场景。

NoSQL 数据库主要有以下几种类型。

（1）Key-Value 存储数据库。Key-Value 存储数据库中的数据以键值对的格式进行存储，数据库中的表有特定的键（Key）与其所指向的值（Value）。Key-Value 模型简单并且容易部署，可以将程序中的数据直接映射至数据库，程序中的数据和 Key-Value 存储数据库中的数据存储方式很相近，如 Redis。

（2）文档型数据库。文档型数据库与 Key-Value 存储数据库类似，文档型数据库的数据模型是将内容按照某些特定的格式进行存储，如 MongoDB。

（3）列存储数据库。列存储数据库与传统的关系型数据库不同，关系型数据库按照行进行存储，而列存储数据库是每一列单独存放，仅仅查询所需要的列，查询速度大幅提高。列存储数据库最大的特点是方便存储结构化和半结构化数据，方便进行数据压缩，对针对某一列或某几列的查询有非常大的 I/O 优势。

（4）图形数据库。图形数据库与关系型数据库和列式数据库不同，它基于灵活的图形模型，并且可以扩展到多个服务器上，是图形关系的最佳存储之一。此外，由于 NoSQL 数据库并没有标准的查询语言（SQL），所以在进行数据库查询时，需要制订数据模型。

（5）对象存储数据库。通过类似面向对象语言的语法操作数据库，以对象的方式存取数据。

常见的 NoSQL 数据库有以下几种。

（1）MongoDB。MongoDB 是一种文档导向的数据库，可以直接存储对象，不需要限定存储的数据格式。在存取数据时不需要写 SQL 语句，可以直接进行对象的存取操作，非常方便。

（2）Redis。Redis 是基于内存的可持久化的 Key-Value 存储数据库。Redis 提供持久化的方案，并且支持数据从一个数据库服务器复制到其他服务器上，在复制数据时，一台服务器充当主服务器（Master），其余的服务器充当从服务器（Slave）。

（3）Memcached。Memcached 是分布式高速缓存系统，基于 Key-Value 存储，通常用于应用的高速缓存，但不支持数据持久化。

NoSQL 数据库和关系型数据库的区别主要在以下几个方面。

（1）成本。NoSQL 数据库简单易部署，基本都是开源软件，不需要像使用 Oracle 那样花费大笔资金购买，与关系型数据库相比，NoSQL 价格便宜。

（2）查询速度。NoSQL 数据库将数据存储于缓存中，关系型数据库将数据存储在硬盘中，所以关系型数据库的查询速度远不及 NoSQL 数据库。

（3）数据存储结构。关系型数据库一般都有固定的表结构，并且需要通过数据库模式定义语言（DDL）语句来修改表结构，不容易进行扩展，而非关系型数据库有许多存储机制，如基于文档的、基于 Key-Value 的和基于图的等，数据的格式十分灵活，没有固定的表结构，方便扩展。

（4）可扩展性。传统的关系型数据库较难横向扩展，不易对数据进行分片，而一些非关系型数据库则原本就支持数据的横向扩展。

（5）数据一致性。NoSQL 数据库一般强调的是数据的最终一致性，而关系型数据库强调数据的强一致性。非关系型数据库比较偏向于联机分析处理（OLAP）场景，而关系型数据库比较偏向于联机事务处理（OLTP）场景。

6.4　数据库可视化工具使用

工欲善其事，必先利其器。在使用数据库时，通常需要各种工具的支持来提高效率。数据库软件本身的操作（包括查询和基本操作）都需要使用相关命令，而在命令行中使用命令进行操作对于开发者而言并不是一件方便的事情。图形用户界面（Graphical User Interface，GUI）是指采用图形方式显示操作界面，让用户进行可视化操作。在各种日常工作中，图形化工具都为用户提供了很大的便利。常用的数据库可视化工具包括 MySQL Workbench、Studio 3T 和 Kettle。

6.4.1 MySQL Workbench

MySQL Workbench 是 MySQL 官方推出的一款为用户提供用于创建、修改、执行和优化 SQL 的可视化工具，其替代了之前的图形化管理工具 MySQL Administrator 和图形化查询工具 MySQL Browser，并集成了 SQL 开发、数据建模、服务器管理、MySQL Utilities 等新功能，使用起来更加方便快捷。

【微课视频】

MySQL Workbench 有以下几个常用的功能。

1. SQL 开发

SQL 开发（SQL Development）主要提供了与 SQL 相关的各种图形化开发和管理功能，开发人员和数据库管理员（DBA）在日常工作中会经常使用该功能。在工作模式下可以创建一个新的数据库连接，编辑并运行 SQL 语句，和其他数据库管理软件一样，用户可以在图形化界面管理数据库表的基本信息。

SQL 开发主界面有 4 个功能，如图 6-10 所示，具体如下。

图 6-10 SQL 开发主界面

（1）新建连接（New Connection）。对数据库进行任何操作之前，需要先创建一个连接。在新建连接界面由上而下分别填入自定义连接名、连接协议、主机名、端口、用户名、默认数据库名，即可完成连接的创建。需要注意的是界面中并没有显示密码输入框，而是在"Password"提示符后显示了"Store in Vault""Clear"两个按钮。单击"Store in Vault"按钮会弹出一个对话框提示输入密码，确认后密码将进行保存，之后通过此连接不需要再次输入密码。单击"Clear"按钮则相反，会将保存的密码进行清除，下次登录需要手工输入密码。对于一些特殊的连接选项，如采用 SSL 连接、非默认的 SQL_MODE 等，可以在 Advanced 选项卡中进行选择。

（2）编辑表数据（Edit Table Data）。通过"Edit Table Data"按钮或连接列表中的连接名，可以打开 SQL 编辑器（SQL Editor）。在打开 SQL 编辑器前需要选择数据库和表，打开编辑器后直接进行数据的编辑。若通过连接列表中的连接名打开SQL编辑器，则只是进入编辑器，不做任何操作。在 SQL 编辑器中可以编辑和执行任何有权限的 SQL 语句，编辑器界面的各区域功能如表 6-3 所示。

表 6-3　编辑器界面各区域功能说明

区域	功能说明
SQL 编辑区	可以编写以分号结尾的多个 SQL 语句，通过上面的一排面板可以完成与 SQL 相关的一些功能，如执行语句、显示执行计划、美化 SQL 格式等，鼠标放在不同的按钮上会显示相应的功能
SQL 记录显示区	SQL 编辑区的 SQL 执行结果在此区域显示，若有多个 SQL，则本区域会有多个标签页进行显示。此区域上面的功能面板用来完成针对记录的一些功能，如记录编辑、记录导出等
对象树显示区	列出当前用户拥有读取权限的所有对象，并以树的形式进行显示。树的最外层为数据库名；第二层为数据库下的各种对象列表，如表、视图等；第三层为具体的对象名，即具体的表名、视图名。在树的各个节点上右键单击，就会显示相关功能的选项，可以根据实际需求进行相关的功能操作
SQL 附件区	此区域可以用来保存正在编辑的 SQL 文本，以便以后使用；还有一个功能就是保存 MySQL 中的一些常用语法，并按照 DB MGMT、SQL DDL、SQL DML 进行分类，当进行 SQL 编辑时可以很方便地进行语法查找
日志输出区	用于显示 SQL 执行结果日志。若执行成功，则显示 SQL 语句、返回的记录数、执行花费的时间；若执行失败，则显示失败原因。对于以前执行过的 SQL，还可以在下拉列表框中选择"history output"后按日期进行显示
Session 和当前操作对象显示区	Session 显示当前连接的数据库、用户名、端口、版本等信息；对象信息则显示当前正在操作的对象上节点的信息，若节点是表，则还会列出表的字段信息

（3）编辑 SQL 脚本（Edit SQL Script）。在编辑 SQL 脚本界面中，可以在"Stored Connection"下拉列表框中选择要编辑的连接，相关的连接参数会自动显示在 Parameters 选项卡的相应文本框中。在"SQL script file"文本框中，可以输入要编辑的 SQL 脚本文件路径或通过"Browser"按钮找到要编辑的文件。

（4）管理连接（Manage Connections）。当管理的 MySQL 较多时，可以通过管理连接功能进行方便的管理。管理连接界面很简单，左边显示连接名列表，右边显示选定连接的详细连接信息。对连接名或详细连接信息可以按需进行修改，并通过"Test Connection"按钮测试连接是否正确，如图 6-11 所示。

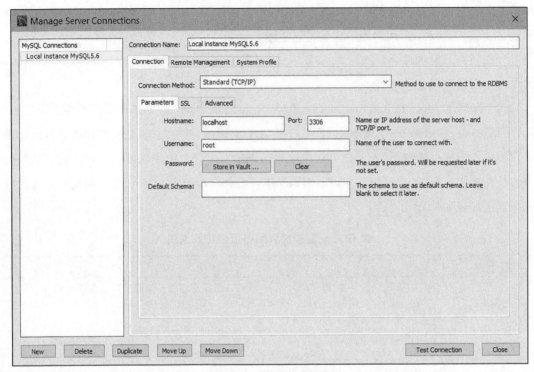

图 6-11　管理连接界面

在图 6-11 中，左下方的几个按钮用于对连接名进行操作，可以新建连接（New）、删除连接（Delete）、复制连接（Duplicate）、上移或者下移指定的连接（Move Up/Move Down）。

2. 数据建模

数据建模（Data Modeling）工具可以很方便地创建物理模型，然后通过正向工程将物理模型转换为实际的数据库对象。通过这种方式，可以大大提高数据库设计的效率。常见的建模工具包括 PowerDesigner、erwin 等。

数据建模主界面主要包含 3 个功能，分别是创建新的 EER 模型（Create New EER Model）、使用已有数据库创建 EER 模型（Create EER Model From Existing Database）和使用 SQL 脚本创建 EER 模型（Create EER Model From SQL Script），如图 6-12 所示。

使用已有数据库创建 EER 模型需要使用菜单中的"Database EReverse Engineer"（逆向工程）命令来直接用数据库对象生成模型，使用 SQL 脚本创建 EER 模型则直接用生成的脚本来创建模型。

图 6-12　数据建模主界面

3．服务器管理

服务器管理（Server Administration）可以方便地管理多个 MySQL 实例。在生产环境中，为了应付越来越大的访问量，很多系统都使用了分布式数据库，MySQL 集群越来越普遍，对这么多实例进行集中管理显得非常有必要。先前 MySQL 采用 MySQL Administrator 作为图形化管理工具，现在这些功能已经集成在 MySQL Workbench 环境中。服务器管理界面有以下 4 个主要功能，如图 6-13 所示。

图 6-13　服务器管理界面

（1）新建服务器实例（New Server Instance）。新建服务器实例功能界面参数说明如表 6-4 所示。

表 6-4　新建服务器实例功能界面参数说明

参数	说明
创建 MySQL 实例（Specify Host Machine）	可以根据服务器在本地或远程来选择"localhost"或者"Remote Host"创建 MySQL 实例。若 SQL 开发（SQL Development）中已经创建了连接，则可以单击"Take Parameters from Existing Database Connection"按钮，并在下拉列表框中选择一个连接名，创建 MySQL 实例
连接测试（Test DB Connection）	创建实例后，需要对选择的连接进行测试，全部通过后即可进行下一环节
远程管理方式选择（Management and OS）	远程管理需要选择远程管理的方式和目标主机。若选择"Do not use remote management"，则不能远程启动和关闭 MySQL，并且不能远程修改参数文件；若需要这些功能，则使用另外两种管理方式——自主 Windows 远程管理（Native Windows remote management）和基于 SSH 的远程管理（SSH login based management），前者只能应用在 Windows 环境下，后者则可以应用于多种操作系统
SSH 配置（SSH Configuration）	SSH 配置时需要填入 SSH 连接的相关参数，包括 IP、端口、连接用户名，如果采用公钥登录，那么还需要选中"Authenticate Using SSH Key"复选框，并在文本框中填入私钥路径
SSH 配置报告（Review Settings）	SSH 配置报告显示了 MySQL 实例的连接信息、SSH 配置信息、启动关闭 MySQL 的命令信息等，如果这些参数需要修改，可以通过"Change Parameters"复选框进行修改
填写实例名（Complete Setup）	在"Complete Setup"中需要输入实例名，这个实例名不是真正的 MySQL 实例名，而只是显示在主界面中，作为实例入口使用

实例的管理界面分为功能栏和功能的显示区域两个部分。功能栏的管理功能分为实例管理、参数配置、安全管理、数据导入导出。实例管理下面的二级功能分为服务器状态（Server Status）、启动/关闭（Startup/Shutdown）、状态变量和系统变量（Status and System Variables）这 3 个功能。

（2）导入/导出管理（Manage Import/Export）。导入/导出的主要用途是为了进行数据的恢复和备份，在数据迁移中也经常使用。数据的导出实际上调用了 MySQL 的逻辑导出工具 mysqldump，可以选择将每个表导出为一个文件或整体导出为一个文件。数据导入操作调用的是 MySQL 命令，可以单独选择一个或多个表进行导入操作。

（3）安全管理（Manage Security）。安全管理的主要功能包括服务器权限管理和数据库权限管理。服务器权限管理主要包括登录权限和全局权限的管理，如 File、process 等。数据库权限管理包括每个数据库具体的权限，常见的 DDL 和 DML 都属于数据库权限。安全管理界面功能区标签页分为 Server Access Management 和 Schema Privileges，分别对应服务器权限管理和数据库权限管理，如图 6-14 所示。

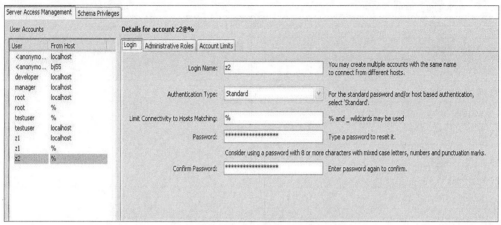

图 6-14　安全管理界面

在图 6-14 所示功能区中，左边的"User Accounts"显示的是当前实例中的所有用户，在右边可以对每个用户进行权限设置。权限设置有 Login、Administrative Roles 和 Account Limits 3 个标签页，分别对应密码修改、管理角色设置、用户并发设置。

（4）服务器实例管理（Manage Server Instances）。对于多实例的管理维护，MySQL Workbench 提供了相应的管理功能——实例管理。实例管理的界面和管理连接界面十分类似，界面中会显示实例名列表和选定实例的详细配置信息，同样可以按照需要对实例名和实例的配置信息进行修改。

4. MySQL Utilities

MySQL Utilities 是 MySQL Workbench 提供的一组附带 Python 库的工具集，这些工具可以帮助完成一些常见任务。工具集的用途包括审计日志管理、数据检查比较、数据导入/导出、数据库克隆、数据库复制、数据库过滤、数据空间查询等。常用的工具集及其用途如表 6-5 所示。

表 6-5　常用工具集及其用途

工具集名称	用途
mysqlauditadmin	审计日志管理
mysqlauditgrep	
mysqldbcompare	数据库检查比较
mysqldiff	
mysqlindexcheck	
msyqldbexport	数据库导入/导出
mysqldbimport	

续表

工具集名称	用途
mysqlserverclone	数据库克隆
mysqluserclone	
mysqlcp	
mysqlfailover	数据库复制
mysqlreplicate	
mysqlrpladmin	
mysqlrplcheck	
mysqlrplshow	
mysqlmetagrep	数据库过滤
mysqlprocgrep	
mysqldiskusage	数据空间查询
mysqluc	MySQL Workbench 客户端

6.4.2　Studio 3T

Studio 3T 是一个 GUI 和集成开发环境，用于在 MongoDB 上开发和管理数据。Studio 3T 是由 3T Software Labs（2016 年被 Redgate Software 收购）开发的，作为免费的教育平台并获得了商业许可。Studio 3T 的常用功能如下。

【微课视频】

（1）Visual Query Builder（可视化查询生成器）。在主界面中可以对文档进行查询，Studio 3T 为查询操作设计了一个简单便利的拖曳式功能。Studio 3T 的拖曳式 MongoDB 查询构建器是 Collection 选项卡的一部分，在该选项卡中，用户可以查看、查询和编辑集合中的文档。Collection 选项卡还包含可视化查询生成器和主查询栏，其中主查询栏会显示正在构建的 Mongo Shell 的语法。用户可以通过单击"Visual Query Builder"按钮打开可视化查询生成器，或者右键单击结果选项卡中的任意位置后，选择查询生成器，如图 6-15 所示。

（2）IntelliShell。IntelliShell 是 Studio 3T 中内置的 Mongo Shell，可以自动填充 JavaScript 标准库函数、Shell 的特定类型和方法、操作符、集合名、字段名、Shell 助手命令等。用户可以通过单击全局工具栏中的"IntelliShell"按钮来打开 IntelliShell 功能，或右键单击目标集合并选择"Open IntelliShell"，如图 6-16 所示。

IntelliShell 有两个主要功能：在标准命令行界面中编写查询的编辑器；查看和编辑结果的 Result 选项卡。在编辑器中执行查询时，可以选择完全执行或在光标处执行。

（3）Aggregation Editor（汇总编辑器）。汇总编辑器是 Studio 3T 中的 MongoDB 聚合管道编辑器，通过定义阶段操作符和检查每个阶段的输入、输出和其他便捷功能，构建准确的聚合查询并简化调试。用户可以通过单击工具栏中的"Aggregate"按钮打开汇总编辑器，或者右键单击目标集合并选择"Open Aggregation Editor"。汇总编辑器有 5 个主要选项卡：管道（Pipeline）、阶段（Stage）、查询代码（Query Code）、说明（Explain）和选项（Options），各选项卡介绍如下。

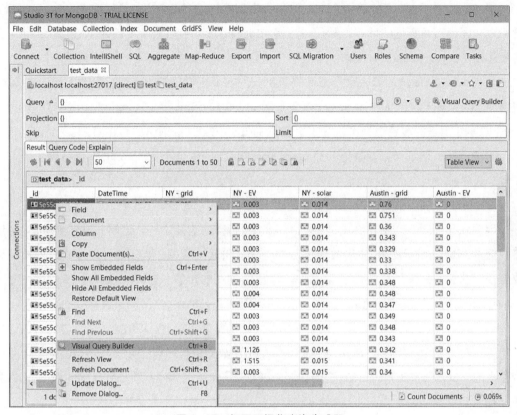

图 6-15　打开可视化查询生成器

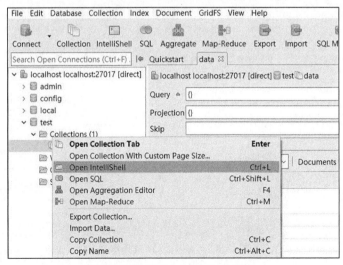

图 6-16　打开 IntelliShell 功能

① 打开汇总编辑器时，Pipeline 选项卡是默认选项卡。Pipeline 选项卡有两个主要部分：管道流（Pipeline flow）和管道输出（Pipeline output）。管道流可以看到所有阶段，并可以根据需要添加、编辑、复制和移动各个阶段；管道输出可以查看整个管道的输出。

② Stage 选项卡有两个主要部分：阶段编辑器（Stage Editor）和阶段数据（Stage Data）。阶段编辑器是编写查询的地方；阶段数据是 Stage 选项卡中显示阶段输入（Stage Input）和阶段输出（Stage Output）的地方。

③ Query Code 选项卡将聚合查询（最后一次在 Pipeline 或 Stage 选项卡中运行的查询）转换为 JavaScript（Node.js）、Java、Python、C#、PHP、Ruby 和 Mongo Shell 语言，转换成 Mongo Shell 语言的聚合查询可以在一个单独的 IntelliShell 选项卡中直接打开。

④ Explain 选项卡以图表格式显示 Explain()提供的信息——MongoDB 执行聚合查询的步骤。

⑤ Options 选项卡可以设置磁盘使用和自定义排序规则。

（4）Map-Reduce。Map-Reduce 是 MongoDB 特有的功能之一。通常，Map-Reduce 通过将数据分为 Map 阶段和 Reduce 阶段来工作。Map 阶段处理每个文档并为每个输入发出一个或多个对象。Reduce 阶段结合了 Map 操作输出中的发射对象。与 Aggregation Pipeline 相比，Map-Reduce 的主要优点是可以在每个阶段使用任意 JavaScript，代价是性能较低。

（5）SQL 查询。Studio 3T 与其他工具不同的功能是 SQL 查询功能，这个功能可以让用户使用一般关系型数据库的 SQL 语法对 MongoDB 数据进行操作。用户可以通过单击全局工具栏上的"SQL"按钮打开 SQL 查询功能，或右键单击一个集合后选择"Open SQL"，如图 6-17 所示。

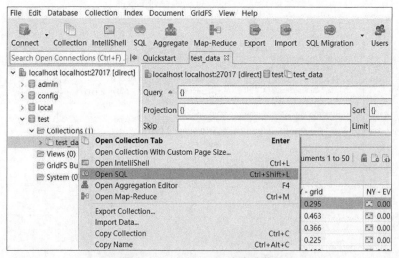

图 6-17　打开 SQL 查询功能

SQL 查询分为编辑器和 Result 选项卡两个主要区域。用户可以通过单击光标按钮标记的

Execute SQL 语句执行 SQL 语句，或右键单击所需的查询后选择"Execute SQL statement at cursor（F5）"，如图 6-18 所示。

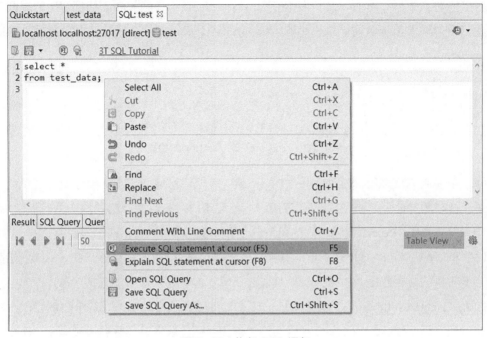

图 6-18　执行 SQL 语句

（6）展开数据库并显示文档及呈现数据。展开自建的数据库，可以看到集合、视图、GridFS 和 System。在集合中也会显示之前已经创建好的集合，选择集合，界面右侧便会出现集合中的文档内容。用户可以通过"Table View"下拉列表选择文档呈现的方式，如图 6-19 所示，文档呈现的方式分别为 Tree、Table 和 JSON 模式。

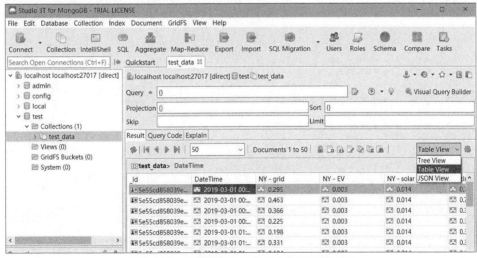

图 6-19　展开数据库并显示文档及呈现数据

（7）数据导入及导出。Studio 3T 提供了不同的导入/导出方式。在导入功能中提供了 6 种数据导入的方式：JSON、CSV、SQL、文件夹导入、档案导入和数据库聚合。在导出功能中提供了 5 种数据导出方式，分别为 JSON、CSV、SQL、mongodump 和创建新的视图或集合。用户可以通过单击全局工具栏中的"Export"或"Import"按钮打开导出或导入功能，如图 6-20 所示。

图 6-20 "Export"及"Import"按钮

（8）创建用户及角色。在 Studio 3T 中，用户可以轻松地使用工具创建用户及角色。通过全局工具栏的"Users"按钮可以创建用户，创建用户时可以为创建的用户账号指定角色。通过全局工具栏的"Roles"按钮可以创建角色，在创建角色时可以将两个角色合为一个角色。

（9）Schema。Studio 3T 的 Schema 功能可以分析文档中的分布状态。在 Analyze 处可以选择想要分析的文档数量，执行分析后可以选择想要查看的字段数据分布状态。

（10）Compare。Studio 3T 中的 Compare 是其他工具没有的功能，这个功能可以比较两个集合数据是否一致。在 Compare 功能窗口的左侧界面，选择来源数据库和集合，在右侧界面选择目标数据库和集合，之后将要比较的集合进行拖拉连接，如图 6-21 所示，执行后在 Differences 窗口可以查看集合的差异。

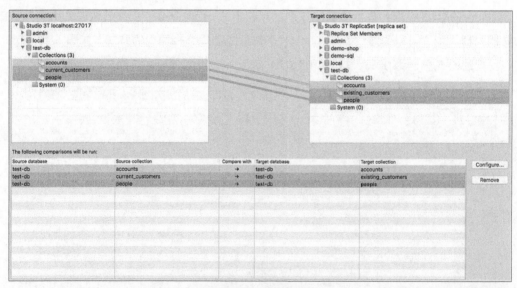

图 6-21 数据比较

（11）Server Status Chart。Studio 3T 中有与 MongoDB Compass 相同的监控功能，为 Server Status Chart。若需要使用监控功能，则可以单击指定的集合，并右键单击选择 Server Info，

即可看到 Server Status Chart。监控功能的服务器状态图表会显示 MongoDB 实例上发生事情的实时更新，使得在生产、开发、测试时或在本地实例上监视特定的事物变得更加方便。

6.4.3 Kettle

Kettle 可以对多种类型的数据文件、数据库等数据源的数据进行抽取、过滤、清洗等处理。Kettle 支持绝大多数的数据库系统，如 Oracle、Microsoft SQL Server、IBM Db2、Informix、MySQL、PostgresSQL、Sybase、MongoDB 等常用数据库。Kettle 提供相应的组件，将处理好的数据存储在数据库中。

【微课视频】

1. 数据库连接

抽取数据库数据，首先需要与指定计算机的数据库建立连接。Kettle 的数据库连接功能主要用于创建数据库连接，其方法是根据数据库类型、连接方式等情况，设置有关参数，连接并访问数据库，数据库连接的参数及其说明如表 6-6 所示。数据库连接是 Kettle 在数据库方面最基础的功能，其他涉及数据库的功能必须依赖于数据库连接。

表 6-6　数据库连接的参数及其说明

参数名称	说明
连接名称	表示数据库连接的名称，不能为空
连接类型	表示连接的数据库系统类型。类型包括 Oracle、Microsoft SQL Server、IBM Db2、Informix、MySQL、PostgresSQL、Sybase 等，默认值为 Oracle
连接方式	表示数据库连接方式。常用的有 JDBC、ODBC、JNDI 等，默认值为 Native（JDBC）
设置	表示数据库设置的参数项。连接类型、连接方式不同，参数项就不同，下面以连接类型为 MySQL 为例，介绍常用参数设置。 使用 Native（JDBC）连接方式的参数如下。 ● 主机名称：数据库所在的计算机名称，既可以是本机，也可以是局域网和外网能够远程访问到的计算机，一般用 IP 地址表示，可以用 localhost，或者 127.0.0.1 表示本机。 ● 数据库名称：要连接的数据库名称。 ● 端口号：读取数据库的端口号，默认值为 3306（不同的数据库使用的默认端口号不同）。 ● 用户名：访问数据库的用户名称。 ● 密码：访问数据库的用户密码

Kettle 的表输入功能根据创建好的数据库连接，设置相应的参数，访问数据库，并通过 SQL 语句读取数据库中表的数据，以便对读取的数据进行清洗、转换和合并等处理。

2. 数据库查询

数据库查询的功能用于查找数据库表中的值，将值作为新字段添加到输出流中。数据库查询的参数及其说明如表 6-7 所示。

表 6-7　数据库查询的参数及其说明

参数名称		说明
步骤名称		表示数据库查询组件名称，在单个转换工程中，名称必须唯一
数据库连接		表示数据库连接名称，在下拉列表框中选择一个现有的连接。如果修改现有连接，单击"编辑…"按钮修改，如果没有连接，那么可以单击"新建…"或"Wizard…"按钮创建。默认值为当前工程中现有的、按名称排列在最前的数据库连接名称
模式名称		表示数据库的模式
表名字段		表示要查询的数据库表名称
使用缓存		表示是否启用数据库查找的缓存
缓存大小		启用数据库查找的缓存大小，默认值为 0
从表中加载所有数据		表示是否对查找表中的所有数据预加载缓存，选择此项可以避免频繁读取数据库
查询所需的关键字	表字段	表示数据库表关键字段名称
	比较操作符	表示用于比较的操作符
	字段 1	表示用于比较的第 1 个字段名称
	字段 2	表示用于比较的第 2 个字段名称
查询表返回的值	字段	表示添加到输出流的数据库表字段名称
	新的名称	表示如果原字段名不合适时使用新的名称
	默认	表示查找失败时返回的值
	类型	表示输出字段的类型
查询失败则忽略		表示是否在查询失败时忽略传递行记录。在 SQL 语法中，启用此项将是内部连接，否则将是外部连接
多行结果时失败		表示查找返回多个结果时，是否强制启用失败
排序		表示如果查询返回多个结果，使用 ORDER BY 子句将帮助用户选择要获取的记录。例如，ORDER BY 允许用户选择在指定状态下销售额最高的客户
获取查询关键字		单击"获取查询关键字"按钮，从组件的输入流返回可用字段列表
获取返回字段		单击"获取返回字段"按钮，从查找的数据库表中返回可添加到输出流的可用字段列表

3. 检查表是否存在

在获取数据库表的数据时，使用检查表是否存在的功能来检查该表是否存在，防止发生错误，检查表是否存在的参数及其说明如表 6-8 所示。

表 6-8　检查表是否存在的参数及其说明

参数名称	说明
步骤名称	表示数据库查询组件名称，在单个转换工程中，名称必须唯一
数据库连接	表示数据库连接名称，在下拉列表框中选择一个现有的连接。如果修改现有连接，单击"编辑…"按钮修改，如果没有连接，那么可以单击"新建…"或"Wizard…"按钮创建。默认值为当前工程中现有的、按名称排列在最前的数据库连接名称

续表

参数名称	说明
模式名称	表示数据库的模式，单击"浏览"按钮获取模式名称
表名字段	表示要查询的数据库表的名称
结果字段名	表示查询输出结果标志字段的名称，字段的类型为布尔型

4．表输入

Kettle 的表输入功能用于抽取数据库中表的数据。Kettle 根据创建好的数据库连接，设置相应的参数，访问数据库，并通过 SQL 语句读取数据库中表的数据，以便对读取的数据进行清洗、转换和合并等处理。表输入的参数及其说明如表 6-9 所示。

表 6-9　表输入的参数及其说明

参数名称	说明
步骤名称	表示表输入组件名称，在单个转换工程中，名称必须唯一。默认值为"表输入"的组件名称
数据库连接	表示数据库连接名称，在下拉列表框中选择一个现有的连接。如果修改现有连接，单击"编辑…"按钮修改，如果没有连接，那么可以单击"新建…"或"Wizard…"按钮创建。默认值为当前工程中现有的、按名称排列在最前的数据库连接名称
SQL	表示获取数据库表的 SQL 语句，可以直接键盘输入，也可以单击"获取 SQL 查询语句"按钮选择数据库表，还可以单击"获取 SQL 查询语句"按钮来浏览表并自动生成 Select 语句。默认值为 SELECT <values> FROM <table name> WHERE <conditions>
允许简易转换	表示是否启用简易转换。如果启用简易转换，则可以尽可能避免不必要的数据类型转换，从而显著提高性能。默认值为空
替换 SQL 语句里的变量	表示是否替换 SQL 脚本中的变量。选择此选项则替换脚本中的变量。默认值为空
从步骤插入数据	表示从其他组件（步骤）插入数据，在下拉列表框中选择一个现有组件（步骤）名称。默认值为空
执行每一行	表示是否对每一行都执行查询。默认值为空
记录数量限制	表示限制获取的记录数。输入大于 0 的数字，则其为限制的记录数。默认值为 0，表示不限制

5．表输出和插入/更新

Kettle 提供表输出、插入/更新等功能。与表输入类似，Kettle 根据创建好的数据库连接，设置相应的参数，访问数据库，并采用 SQL 语句将经过清洗、转换等处理的数据装载至数据库。表输出参数很多，其主要参数及其说明如表 6-10 所示。

表 6-10　表输出的主要参数及其说明

参数名称		说明
步骤名称		表示表输出组件名称，在单个转换工程中，名称必须唯一
数据库连接		表示数据库连接名称，在下拉列表框中选择一个现有的连接。如果修改现有连接，单击"编辑…"按钮修改，如果没有连接，那么可以单击"新建…"或"Wizard…"按钮创建。默认值为当前工程中现有的、按名称排列在最前的数据库连接名称
目标模式		表示数据库模式的名称。默认值为空
目标表		表示将数据写入到数据库中的表的名称。默认值为空
提交记录数量		表示向数据库提交批量记录的大小。默认值为 1 000
剪裁表		表示是否在将第一行数据插入到表之前截断表。如果是在集群上运行转换，或者使用此步骤的多个副本，那么必须在开始转换之前截断表。默认值为空
忽略插入错误		表示忽略所有插入错误，如果违反主键规则，那么最多记录 20 个警告，此选项不适用于批量插入。默认值为空
指定数据库字段		表示是否选择数据库的字段，如果选择，那么在"数据库字段"选项卡参数中指定字段，否则默认插入所有字段。选择此参数，才能使用"数据库字段"选项卡中的"获取字段"和"输入字段映射"按钮。默认值为空
主选项	表分区数据	表示数据是否要采用表分区方式。采用此方式，字段名称要有指定日期字段的值，在多个数据表上拆分数据。为了在这些表中插入数据，必须在运行转换之前手动创建数据表。默认值为空
	分区字段	表示确定跨多个数据表分割数据的日期字段的值，此值用于生成日期数据表名称，并将数据插入到该数据表中。默认值为空
	每月分区数据	表示数据是否采用每月分区方式，使用此方式，数据表中使用的日期格式为 yyyyMM
	每天分区数据	表示数据是否采用每天分区方式，使用此方式，数据表中使用的日期格式为 yyyyMMdd
	使用批量插入	表示是否使用批量插入的方式插入数据。默认值为√
	表名定义在一个字段里	表示数据表名称是否在字段里定义。默认值为√
	包含表名的字段	表示包含数据表名称的字段。默认值为空
	存储表名字段	表示数据表的名称存储在输出流中。默认值为空
	返回一个自动产生的关键字	表示当向数据表插入一行数据时，是否返回一个关键字段。默认值为空
	自动产生的关键字字段名称	表示返回关键字段的名称。默认值为空
数据库字段	表字段	表示将数据插入数据库中的字段名称，单击"获取字段"按钮，将输入流字段导入到数据库中的字段表。默认值为空
	流字段	表示从输入流中读取并插入到数据库中的流字段名称，单击"字段映射"按钮，弹出"映射匹配"对话框，获取映射的字段。默认值为空

　　插入/更新与表输出的功能略有不同。比较装载数据字段与目标数据库中表的主键字段，

如果数据库中该主键字段数据不存在,那么表输出和插入/更新都会将新的数据记录装载至数据库。如果数据库中该主键字段数据已经存在,且所有的字段数据完全相同,那么表输出和插入/更新不会装载数据到数据库中,但如果某个字段数据不相同,那么表输出不会装载该数据记录,插入/更新会更新该数据记录。插入/更新的参数很多,其主要参数及其说明如表 6-11所示。

表 6-11　插入/更新的主要参数及其说明

参数名称		说明
步骤名称		表示插入/更新组件名称,在单个转换工程中,名称必须唯一
数据库连接		表示数据库连接名称,在下拉列表框中选择一个现有的连接。如果修改现有连接,单击"编辑…"按钮修改,如果没有连接,那么可以单击"新建…"或"Wizard…"按钮创建。默认值为当前工程中现有的、按名称排列在最前的数据库连接名称
目标模式		表示数据库模式的名称。默认值为空
目标表		表示将数据写入到数据库中的表的名称。默认值为 lookup table
提交记录数量		表示向数据库提交批量记录的大小。默认值为 1 000
不执行任何更新		表示数据库中的值是否只执行插入而不做更新操作。默认值为空
用来查询的关键字	表字段	表示数据库表关键字段名称
	比较操作符	表示用于比较的操作符,选项有=、=~NULL、<>、<、<=、>、>=、BETWEEN、IS NULL、IS NOT NULL。默认值为空
	流里的字段 1	表示用于比较的第 1 个字段名称
	流里的字段 2	表示用于比较的第 2 个字段名称
	存储表名字段	表示数据表的名称存储在输出流中。默认值为空
更新字段	表字段	表示数据库表中的字段名称,单击"获取字段"按钮,将输入流字段导入到数据库中的字段表。默认值为空
	流字段	表示从输入流中读取并插入数据的字段名称,单击"字段映射"按钮,弹出"映射匹配"对话框,获取映射的字段。默认值为空
	更新	表示是否更新数据,选项有 Y 和 N。默认值为空

6．更新

更新和插入/更新类似,但只执行更新,不执行插入。更新的参数及其说明如表 6-12所示。

表 6-12　更新的参数及其说明

参数名称	说明
步骤名称	表示数据同步组件名称,在单个转换工程中,名称必须唯一
数据库连接	表示数据库连接名称,在下拉列表框中选择一个现有的连接。如果修改现有连接,单击"编辑…"按钮修改,如果没有连接,那么可以单击"新建…"或"Wizard…"按钮创建。默认值为当前工程中现有的、按名称排列在最前的数据库连接名称

续表

参数名称		说明
目标模式		表示数据库模式的名称。默认值为空
目标表		表示将数据写入到数据库中的表的名称。默认值为 lookup table
提交记录数量		表示向数据库提交批量记录的大小。默认值为 100
批量更新		表示是否进行批量更新
跳过查询		表示是否跳过查询
忽略查询失败		表示是否忽略查询失败
标志字段		表示忽略查询失败的字段名称，选择忽略查询失败才有效
用来查询的关键字	表字段	表示数据库表关键字段名称，单击"获取字段"按钮，添加表字段名称
	比较操作符	表示用于比较的操作符，选项有=、<>、<、<=、>、>=、LIKE、BETWEEN、IS NULL、IS NOT NULL
	流里的字段 1	表示中用于比较的第 1 个字段名称
	流里的字段 2	表示中用于比较的第 2 个字段名称
更新字段	表字段	表示将数据插入数据库中的字段名称，单击"获取字段"按钮，将输入流字段导入到数据库中的字段表。默认值为空
	流字段	表示从输入流中读取并插入到数据库中的流字段名称

7. 数据同步

数据同步可与合并记录转换组件结合使用，如图 6-22 所示。合并记录转换组件向每一行记录附加一个标记列字段，其值为"same""changed""new"或"deleted"，在合并之后，数据同步组件将使用此标记列字段，对连接表执行更新/插入/删除操作。

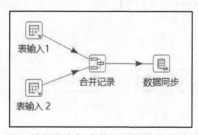

图 6-22　数据同步与合并记录转换组件结合使用

数据同步的参数分为一般选项参数和高级选项参数，一般选项参数是必须设置的基本参数，一般选项参数及其说明如表 6-13 所示。高级选项参数则是根据实际情况，确定具体某项参数是否需要设置，高级选项参数及其说明如表 6-14 所示。

表 6-13　数据同步的一般选项参数及其说明

参数名称	说明
步骤名称	表示数据同步组件名称，在单个转换工程中，名称必须唯一

续表

参数名称		说明
数据库连接		表示数据库连接名称,在下拉列表框中选择一个现有的连接。如果修改现有连接,单击"编辑…"按钮修改,如果没有连接,那么可以单击"新建…"或"Wizard…"按钮创建。默认值为当前工程中现有的、按名称排列在最前的数据库连接名称
目标模式		表示数据库模式的名称。默认值为空
目标表		表示将数据写入到数据库中的表的名称。默认值为 lookup table
提交记录数量		表示向数据库提交批量记录的大小。默认值为 100
批量更新		表示是否批量更新
表名在字段里定义		表示表名是否在字段里定义
表名字段		表示表名的字段名称
用来查询的关键字	表字段	表示数据库表关键字段名称,单击"获取字段"按钮,添加表字段名称
	比较操作符	表示用于比较的操作符,选项有 =、<>、<、<=、>、>=、LIKE、BETWEEN、IS NULL、IS NOT NULL
	流里的字段 1	表示用于比较的第 1 个字段名称
	流里的字段 2	表示用于比较的第 2 个字段名称
更新字段	表字段	表示将数据插入数据库中的字段名称,单击"获取字段"按钮,将输入流字段导入到数据库中的字段表。默认值为空
	流字段	表示从输入流中读取并插入到数据库中的流字段名称
	更新	表示是否更新,取值为 Y 和 N。默认值为空

表 6-14 数据同步的高级选项参数及其说明

参数名称	说明
操作字段名	表示当前行记录的操作标志的字段名称。默认值为 flagfield
当值相等时插入	表示设置操作字段的值,该值表示应该执行插入操作。默认值为 new
当值相等时更新	表示设置操作字段的值,该值表示应该执行更新操作。默认值为 change
当值相等时删除	表示设置操作字段的值,该值表示应该执行删除操作。默认值为 deleted
执行查询	表示删除或更新时是否执行查询。如果没有找到查询字段,则抛出异常;如果希望在更新/删除执行之前检查它们,那么可以将此选项用作额外的检查

8. MongoDB Input

MongoDB 是一个基于分布式文件存储的数据库,它支持的数据结构非常松散,类似 JSON 的 BSON 格式,可以存储比较复杂的数据类型。MongoDB 支持的查询语言非常强大,其语法有点类似于面向对象的查询语言,几乎可以实现类似关系型数据库单表查询的绝大部分功能。在智能计算中,MongoDB 提供可扩展的高性能数据存储解决方案。

MongoDB Input 通过配置 Configure connection(数据库连接)、Intput options(输入项)、Query(查询)和 Fields(字段)等选项卡参数,获取 MongoDB 数据库中的数据。MongoDB

135

Input 配置 Configure connection（数据库连接）选项卡的参数及其说明如表 6-15 所示。

表 6-15 Configure connection 选项卡参数及其参数说明

参数名称	说明
Host name(s) or IP address(es)	表示网络名称或者地址。可以输入多个主机名或 IP 地址，用逗号分隔。还可以通过将主机名和端口号用冒号分隔开，为每个主机名指定不同的端口号，并将主机名和端口号的组合用逗号分隔。默认值为 localhost
Port	表示数据库的端口号。默认值为 27 017
Enable SSL connection	表示使用 SSL 配置连接到 MongoDB 服务器
Use all replica set members/ mongos	表示在主机名或 IP 地址字段中指定多个主机时，使用所有副本集。如果一个副本集包含多个主机，Java 驱动程序会自动发现所有的主机。如果选择的副本集不可用，驱动程序将连接到列表中的下一个副本集
Authentication database	表示身份验证数据库
Authenticate Mechanism	表示用于验证用户身份的方法，方法的值为 SCRAM-SHA-1、MONGODB-CR
Username	表示用户名
Password	表示用户密码
Authenticate using Kerberos	表示是否使用 Kerberos 服务管理身份验证过程
Connection timeout	表示连接超时时间（以 ms 为单位）
Socket timeout	表示等待写操作的时间（以 ms 为单位）
Preview	表示显示生成的行记录

MongoDB Input 的 Intput options（输入项）选项卡的参数及其说明如表 6-16 所示。

表 6-16 Intput options 选项卡的参数及其说明

参数名称	说明
Database	表示数据库的名称，单击"Get DBs"按钮获取服务器上的数据库列表名称
Collection	表示集合名称，单击"Get collections"按钮获取数据库中的集合列表
Read preference	表示要先读取哪个节点，节点值为主节点、主首选节点、辅助节点、次首选节点或最近节点
Tag set specification/#/ Tag Set	表示用户自定义写关注和读取副本的首选项。使用"标签集"表设置用户选择选项信息，通过以下按钮获取选项。 • 单击"Get Tags"按钮，列出源数据库中的标记集列表，集合按顺序列出。 • 单击"Join tags"按钮，添加选定的标记集，以便同时查询或写入符合条件的节点。 • 单击"Test tag set"按钮，显示与标记集规范相匹配的集合成员。将显示与标记集规范标准匹配的每个 replicaset 成员的 ID、主机名、优先级和标记

MongoDB Input 的 Query（查询）选项卡用于设置查询模式参数，有两种不同的查询模式，分别是 JSON 查询表达式模式（默认）和聚合管道规范模式，MongoDB Input 的 Query（查询）选项卡参数及其说明如表 6-17 所示。

表 6-17　Query 选项卡的参数及其说明

参数名称	说明
Query expression (JSON)	表示 JSON 查询表达式，格式为{ name : "MongoDB" }，或{ name : { '$regex' : "m.*", '$options' : "i" } }
Query is aggregation pipeline	选择此选项以使用聚合管道框架，将多个 JSON 表达式连接在一起，立即执行。聚合管道将几个 JSON 表达式连接在一起，前面表达式的输出将成为下一个表达式的输入
Execute for each row	表示对每一行记录数据执行查询
Fields expression（JSON）	表示控制字段返回，未选择 Query is aggregation pipeline 时有效

MongoDB Input 的 Fields（字段）选项卡用于设置导入字段属性的参数，有两种不同的操作模式：在 JSON 字段中包含所有字段；在输出中包含选定的字段。MongoDB Input 的 Fields（字段）选项卡参数及其说明如表 6-18 所示。

表 6-18　Fields 选项卡的参数及其说明

参数名称	说明
Output single JSON field	表示查询结果是 JSON 中的一个带有字符串数据类型（默认）的字段
Name of JSON output field	表示包含来自服务器的 JSON 输出的字段名名称
Get fields	单击"Get fields"按钮，生成一组示例文档赋予字段，以便用户编辑示例中每个字段的字段名、路径和数据类型列表
Name	表示基于 Path 字段中的值的字段名称，这里的名称将 Kettle 转换中出现的字段名称映射到 MongoDB 数据库中出现的字段，用户可以编辑名称
Path	表示 MongoDB 中字段的 JSON 路径。若路径显示为一个数组，则可以通过在数组括起来的部分中传递 Key-Value 关键值来指定数组的特定元素
Type	表示数据类型
Indexed values	表示为字符串字段指定一个用逗号分隔的合法值列表
Sample: array min: max index	表示指示示例文档中索引的最小值和最大值
Sample: #occur/#docs	表示指示字段出现的频率和处理的文档数量
Sample: disparate types	表示不同的数据类型是否填充了相同的字段。当对多个文档进行采样，并且相同的字段包含不同的数据类型时，Sample: different types 字段用 Y 填充，Type field display 显示字符串数据类型。对于不同的输出值类型，可将字段的 Kettle 类型设置为 String data 类型

9. MongoDB Output

MongoDB Output 通过配置 Configure connection（数据库连接）、Output options（输出项）、Mongo document fields（文档字段）和 Create/Drop indexes（创建/删除索引）等选项卡参数，将数据装载至 MongoDB 集合。MongoDB Output 的 Configure connection（数据库连接）选项卡参数及其说明如表 6-19 所示。

表 6-19　Configure connection 选项卡的参数及其说明

参数名称	说明
Host name(s) or IP address(es)	表示网络名称或者地址。可以输入多个主机名或 IP 地址，用逗号分隔。还可以通过将主机名和端口号用冒号分隔开，为每个主机名指定不同的端口号，并将主机名和端口号的组合用逗号分隔开。默认值为 localhost
Port	表示数据库的端口号。默认值为 27 017
Enable SSL connection	表示使用 SSL 配置连接到 MongoDB 服务器
Use all replica set members/mongos	表示在主机名或 IP 地址字段中指定多个主机时，使用所有副本集。若一个副本集包含多个主机，则 Java 驱动程序会自动发现所有的主机。若选择的副本集不可用，则驱动程序将连接至列表中的下一个副本集
Authentication database	表示身份验证数据库
Username	表示用户名
Password	表示用户密码
Authenticate Mechanism	表示用于验证用户身份的方法，方法的值为 SCRAM-SHA-1、MONGODB-CR
Authenticate using Kerberos	表示是否使用 Kerberos 服务管理身份验证过程
Connection timeout	表示连接超时的时间（以 ms 为单位）
Socket timeout	表示等待写操作的时间（以 ms 为单位）

MongoDB Output 的 Output options（输出项）选项卡参数及其说明如表 6-20 所示。

表 6-20　Output options 选项卡的参数及其说明

参数名称	说明
Database	表示数据库的名称，单击"Get DBs"按钮获取服务器上的数据库列表名称
Collection	表示集合名称，单击"Get collections"按钮获取数据库中的集合列表
Batch insert size	表示批量插入时批量记录的大小。默认值为 100
Truncate collection	表示是否选择在插入新数据之前，删除目标集合中现有的数据
Update	表示是否设置数据库和集合的更新写入方法。选择此项，Upsert 和 Modifier update 选项才有效
Upsert	表示是否将写方法从 Insert 更改为 Upsert。Upsert 方法根据 Mongo document fields 选项中指定的所有输入字段，用整个新记录替换匹配的记录，如果更新的匹配条件失败，则创建一个新记录

参数名称	说明
Multi-update	表示是否更新每个 Update 或 Upsert 参数所匹配的文档
Modifier update	表示是否使用修饰符($)修改匹配文档中的各个字段。当选择 Multi-update 选项时，将更新所有匹配的文档。如果要更新多个匹配文档，应选择 Modifier update 和 Upsert 参数。如果选择修饰符，那么 Update、Upsert 和 Multi-update 将更新所有匹配的文档，而不只是第一个文档
Write concern (w option)	表示写操作必须成功的服务器最小数目，有关值如下。 • -1：所有写操作错误时禁用确认。 • 0：基本确认禁用写操作，但返回有关套接字异常和网络错误的信息。 • 1：确认主节点上的写操作。 • >1：等待写操作成功，写入指定数值的从服务器，以及主服务器。单击 "Get custom write concerns" 按钮，获取存储在存储库中的自定义的值
w Timeout	表示在终止操作前，等待响应写操作的时间（以 ms 为单位）。值为空时，一直等待
Journaled writes	表示是否设置写操作，等待 mongod（MongoDB 系统的主守护进程）确认写操作并将数据提交到日志中
Read preference	表示首先读取哪个节点，有关节点取值如下。 • Primary。 • Primary preferred。 • Secondary。 • Secondary preferred。 • Nearest。 默认值为 Primary
Number of retries for write operations	表示尝试写操作的次数。默认值为 5
Delay, in seconds, between retry attempts	表示下一次重试之前要等待的秒数。默认值为 10

MongoDB Output 的 Mongo document fields（文档字段）选项卡参数及其说明如表 6-21 所示。

表 6-21　Mongo document fields 选项卡的参数及其说明

参数名称	说明
Name	表示注入字段的名称
Mongo document path	表示 mongo 文档中点符号格式字段的路径
Use field name	表示是否使用输入的字段名作为路径中的最后一个条目，取值为 Y（使用输入字段名）和 N（不使用输入字段名）
NULL values	表示是否在数据库中插入空值，取值为 Insert NULL 和 Ignore
JSON	表示传入的值是否是 JSON 文档，取值为 Y 和 N
Match field for update	表示在执行 upsert operation 时是否匹配字段，取值为 Y 和 N

续表

参数名称	说明
Modifier operation	表示对现有文档字段就地修改，取值如下。 • N/A。 • $set：设置字段的值。 • $inc：如果字段不存在，则设置字段的值；如果存在，增加（或减少，带一个负值）字段的值。 • $push：如果字段不存在，则设置字段的值；如果字段存在，则追加字段的值。 • $：用于数组内部匹配的位置操作符
Modifier policy	表示当执行修改操作时，控制受其影响的字段，取值如下。 • Insert&Update：无论在集合中是否符合匹配条件，都会执行该操作。 • Insert：仅在 Insert 时执行操作。 • Update：当匹配条件成功时执行该操作
Get fields	单击"Get fields"按钮，获取字段的名称，并填充到表的 Name 字段名称所在的列中
Preview document structure	单击"Preview document structure"按钮，弹出一个对话框，显示以 JSON 格式写入 toMongoDB 的文件结构

MongoDB Output 的 Create/Drop indexes（创建/删除索引）选项卡参数及其说明如表 6-22 所示。

表 6-22　Create/Drop indexes 选项卡的参数说明

参数名称	说明
Index fields	表示单个字段索引或多个字段复合索引。复合索引由逗号分隔，使用点符号指定要在索引中使用的字段的路径。索引方向：1 表示升序，−1 表示降序
Index opp	表示创建还是删除索引
Unique	表示是否索引具有唯一值的字段
Sparse	表示是否只索引具有已索引字段的文档
Show indexes	单击"Show indexes"按钮以显示现有索引的列表

10. 调用 DB 存储过程

对于 MySQL 和 JDBC，不可能检索存储过程的数据集，只有调用 DB 存储过程，执行数据库中的存储过程或函数才能获得数据集。Kettle 调用 DB 存储过程组件，配置有关参数，调用存储过程和函数，从而获取数据集，调用 DB 存储过程的参数及其说明如表 6-23 所示。

表 6-23　调用 DB 存储过程的参数及其说明

参数名称	说明
组件名称	表示调用 DB 存储过程的名称，在单个转换中名称必须是唯一的
数据库连接	表示存储过程的数据库连接名称
存储过程名称	表示要调用的过程或函数的名称。单击"Find it"按钮，可在选择的数据库连接上搜索可用的存储过程和函数（仅限 Oracle 和 SQL Server）

参数名称		说明
启动自动提交		表示是否自动提交执行更新。用户使用自动提交或不自动提交来执行更新。如果禁用了自动提交，则在接收到最后一行记录后执行单个提交
返回值名称		表示函数调用结果的名称，如果这是一个过程，那么值为空
返回值类型		表示函数调用结果的类型，在过程中不可用
参数	名称	字段的名称
	方向	取值为 IN（仅输入）、OUT（仅输出）、INOUT（数据库上的值改变）
	类型	输出参数的类型
获取字段		单击"获取字段"按钮，将有关字段添加到参数的字段名称所在列中

11. MySQL 批量加载

MySQL 批量加载组件，通过 Kettle 内部管道加载数据到数据库的表中。因为在命名管道中使用了 mkfifo，所以此组件在 Windows 系统中不能工作，但适用于 Linux 等系统中。MySQL 批量加载的参数及其说明如表 6-24 所示。

表 6-24　MySQL 批量加载的参数及其说明

参数名称		说明
组件名称		表示 MySQL 批量加载的名称，在单个转换中名称必须是唯一的
数据库连接		表示目标表所在的数据库连接名称
目标模式		要写入数据的表的架构名称
目标表		表示目标表的名称
Fifo 文件		表示用作命名管道的 Fifo 文件。当其不存在时，将使用命令 mkfifo 和 chmod 666 创建（这就是它不能在 Windows 中工作的原因）
字段之间的分隔符		表示字段之间的分隔符。默认值为 TAB 制表符
封闭符		表示字符串的封闭符。默认值为"
转义符		如果附件在字段中，那么通过转义字符转义。默认值为\
字符集		表示使用的字符集（可选）
批量提交数（行数）		表示将数据加载分割成数据块，然后重新启动数据加载
与已有键值重复时替换		表示与已有键值重复时是否替换，如果勾选此项，那么"替换"将添加到命令中，输入行将替换现有行
与已有键值重复时忽略		表示与已有键值重复时是否忽略，如果勾选此项，那么"忽略"将添加到命令中，跳过在唯一键值上复制现有行的输入行
要加载的字段	表字段	表示数据库表字段的名称
	流字段	表示输入流字段名称
	字段格式	表示字段的保留格式，默认值为空，取值的格式如下。 • 不改变格式。 • 格式化为日期（yyyy-MM-dd）。 • 格式化为时间戳（yyyy-MM-dd HH:mm:ss）。 • 格式为数值。 • 对数据的封闭字符转义
SQL		单击"SQL"按钮，将有关字段添加到要加载的字段中的表字段所在列

12. SQL 文件输出

SQL 文件是一个包含 SQL 语句的文本文件，后缀用"sql"表示。SQL 文件输出是将数据生成为可执行的 SQL 语句，并加载到后缀为"sql"的文本文件中。通过 SQL 文件输出组件，设置参数，可以方便地将数据存储至 SQL 语句的文件，也可以通过执行 SQL 语句快速加载数据至数据库。SQL 文件输出的参数及其说明如表 6-25 所示。

表 6-25 SQL 文件输出的参数及其说明

参数名称		说明
步骤名称		表示 SQL 文件输出组件名称，在单个转换工程中，名称必须唯一。默认值为"SQL 文件输出"的组件名称
连接	数据库连接	表示数据库连接名称，在下拉列表框中选择一个现有的连接。如果修改现有连接，单击"编辑…"按钮修改，如果没有连接，那么可以单击"新建…"或"Wizard…"按钮创建。默认值为当前工程中现有的、按名称排列在最前的数据库连接名称
	目标模式	表示数据库模式的名称。默认值为空
	目标表	表示将数据写入到数据库中的表的名称，单击同一行的"浏览"按钮，选取数据库中的表。默认值为空
输出文件	增加创建表语句	表示是否增加创建表的语句。默认值为空
	增加清空表语句	表示是增加清空表的语句。默认值为空
	每个语句另起一行	表示是否每个语句另起一行。默认值为空
	文件名	表示输出的文件名称，单击同一行的"浏览"按钮，在计算机上选取已经存在的文件名称。默认值为空
	创建父目录	表示是否创建父目录。默认值为空
	启动时不创建文件	表示启动时是否不创建文件。默认值为空
	扩展名	表示输出文件的扩展名。默认值为 sql
	文件名中包含步骤号	表示是否在输出的文件名里包含步骤编号。默认值为空
	文件名中包含日期	表示是否在输出的文件名里包含日期。默认值为空
	文件名中包含时间	表示是否在输出的文件名里包含时间。默认值为空
	追加方式	表示是否追加数据到输出文件末尾。如果选择此项，那么不会删除文件原有的数据，而是追加数据到文件的末尾，否则会删除文件原有的数据。默认值为空
	每行拆分	表示拆分的行数，0 为不拆分。默认值为 0
	使文件进入到结果文件中	表示是否使文件进入到结果文件中。默认值为空

6.5 小结

本章主要介绍了文件系统和分布式文件系统的基本概念，以及常见的分布式文件系统、云存储的简介和存储方式的种类。同时，还重点介绍了数据库可视化工具，包括 MySQL Workbench、Studio 3T 和 Kettle。

6.6 习题

（1）传统存储架构存在（　　）问题。

    A. 高延时和高吞吐   B. 负载均衡和冗余纠错

    C. 扩展性差   D. 可用性低

（2）下面（　　）程序负责分布式文件系统 HDFS 的数据存储。

    A. NameNode   B. Jobtracker

    C. DataNode   D. SecondaryNameNode

（3）云存储根据技术进行分类主要分为（　　）。

    A. 对象存储、文件存储、硬盘存储   B. 文件存储、块存储、对象存储

    C. 块存储、硬盘存储、数据存储   D. 设备存储、文件存储、对象存储

（4）下列（　　）属于分布式文件系统。

    A. Hadoop、Hive、GFS   B. Hadoop、HDFS、Hive

    C. HDFS、FastDFS、GFS   D. Hadoop、GFS、FastDFS

（5）下面关于 Kettle 在数据库方面的常用功能，说法错误的是（　　）。

    A. Kettle 抽取数据库中的数据，是通过 SQL 语句来读取数据库中的表数据的

    B. Kettle 提供数据库连接配置，以访问数据库

    C. 表输出是抽取数据库中的数据

    D. 表输入是抽取数据库中的数据

第 7 章
基础应用软件开发测试

07

"二十大"报告指出"实践没有止境",应用软件开发也需要通过实践来验证。应用软件开发测试作为智能计算不可或缺的部分,包含了软件移植和软件测试。其中,软件移植增强了智能计算平台的实用性,而软件测试则为智能计算提供了质量保证。本章主要介绍了不同架构对于应用的影响、移植操作流程和移植工具,以及软件测试的简介、常用测试工具和测试报告。

【学习目标】

① 了解 X86 和 ARM 架构的区别。
② 熟悉软件移植的基本流程和典型工具。
③ 了解测试的基本内容和过程。

④ 了解常用的测试工具。
⑤ 了解自动化测试脚本的基本知识和作用。

【素质目标】

① 培养学生的分辨能力。
② 激发学生的深度思考。

③ 提高学生全面分析问题的能力。

7.1 应用软件移植

计算机从业人员,特别是程序员,都知道大多数软件程序是使用汇编语言、C、C++等计算机语言编写的,这些程序不能直接运行,必须先使用计算机的编译器对程序进行编译,翻译成机器可识别的指令,成为可执行的软件,然后由计算机的 CPU 来解释和执行。在某种架构的计算机上,采用该计算机的编译器,对在其他架构的计算机上编写的软件程序进行重新编译,软件就能在该计算机上运行,这种方法,业界称为软件移植。由于 PC 和 Windows 操作系统使用的普遍性和工具的方便性,所以很多应用软件,如嵌入式设备和 ARM 设备的软件,是在 PC 和 Windows 操作系统上开发的,然后通过软件移植到这些设备上运行。

计算机主要是根据 CPU 架构和采用指令集的不同来划分种类的。中央处理器（Central Processing Unit，CPU）是一块超大规模的集成电路，是计算机设备的运算核心（Core）和控制核心（Control Unit）。CPU 主要包括寄存器、处理器和控制器，以及实现它们之间联系的数据、控制等总线信号，如图 7-1 所示。CPU 的工作分为取指令、指令译码、执行指令、访问主存与读取操作数和结果写回等阶段，是计算机中负责读取指令，进行指令译码并执行指令的核心部件。

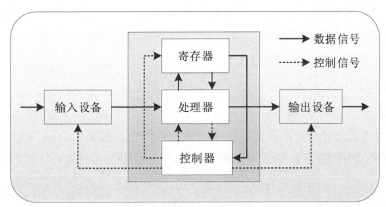

图 7-1　中央处理器

7.1.1　不同架构对应用的影响

由于 CPU 架构和指令集的不同，所以一种架构的计算机上的软件不能直接在另外一种架构的计算机上运行，需要进行软件移植后才能运行。

【微课视频】

CPU 架构主要分为 RISC 和 CISC。RISC 的代表是 ARM，而 CISC 的代表则是 X86。目前，主要的服务器 CPU 架构是 X86 架构，但是近年来，ARM 架构的计算机设备迅猛发展，将在 X86 架构计算机上开发的软件移植至 ARM 架构的计算机，已成为一种重要的趋势。

1. CISC 和 RISC 架构

根据指令集的不同，CPU 处理器分为复杂指令集计算机（CISC）和精简指令集计算机（RISC）两种架构类型，如表 2-2 所示。

CISC 和 RISC 两种架构类型的区别在于不同的 CPU 设计理念和方法。

早期的 CPU 多采用 CISC 架构，它的设计目的是 CISC 要用最少的机器语言指令完成所需的计算任务，这种架构会增加 CPU 结构的复杂度和对 CPU 工艺的要求，但是对于编译器的开发十分有利。

RISC 架构要求使用软件指定各个操作步骤。这种架构会降低 CPU 的复杂度，允许在同样的工艺水平下生产出功能更加强大的 CPU，但是对于编译器的设计有更高的要求。

CISC 和 RISC 的指令系统、存储器操作、程序、CPU 芯片电路和应用范围等指标对比如

表 2-1 所示。

RISC 和 CISC 是设计、制造微处理器的两种典型技术，虽然它们都是试图在体系结构、运行、软件、硬件、编译时间和运行时间等诸多因素中努力寻找某种平衡，以达到高效的目的，但是，由于采用的方法不同，使得很多方面差异很大。目前主流计算机架构主要有 X86、ARM 和 Power。X86 发展成为个人计算机的标准平台，成为最成功的 CPU 架构之一；ARM 多用于通信、嵌入式和消费方面，近年来发展迅速；而 Power 多用于高端服务器，由 IBM 公司独有，其发展有一定的局限性。

2. X86 架构与 ARM 架构的区别

X86 采用 CISC，而 ARM 采用 RISC，二者区别如下。

（1）性能

RISC 设计者把主要精力放在那些经常使用的指令上，尽量使它们简单、高效。对不常用的功能，常通过组合指令来完成。因此，在 RISC 计算机上实现特殊功能时，效率可能较低。但可以利用流水技术和超标量技术加以改进和弥补。而 CISC 计算机的指令系统比较丰富，有专用指令来完成特定的功能。因此，处理特殊任务效率较高。

（2）扩展能力

X86 架构的计算机采用"桥"的方式与扩展设备进行连接，容易进行性能扩展，如增加内存、硬盘等。

ARM 架构的计算机通过专用的数据接口使 CPU 与数据存储设备连接，其外存、内存等扩展难以进行。

（3）软件开发的方便性及可使用工具的多样性

X86 架构的系统推出已经有 40 多年，在用户的应用、软件配套、软件开发工具的配套及兼容性等方面已经非常成熟和完美。使用 X86 计算机系统不仅有大量的第三方软件可供选择，也有大量的软件编程工具可以帮助用户完成所希望完成的工作。

因为硬件性能、操作系统的精简性以及系统兼容性等问题的制约，ARM 架构的计算机系统不像 X86 计算机系统那样，具有众多的编程工具和第三方软件可供选择及使用。ARM 的编程语言大多采用 C 和 Java，难度也相对较高。

（4）功耗

目前 X86 计算机的 CPU 与早期相比，速度和性能提升了几千倍，但是其功耗一直居高不下，一台个人计算机的功耗在一百到数百瓦特之间，即使是低功耗节能的手提式计算机，其功耗也为 10～30 瓦特。现阶段，X86 架构的 CPU 功耗是 W 级别，而 ARM 架构的 CPU 是 mW 级别，功耗差异很大。

3. ARM 架构的优势

X86 和 ARM 两大架构的指标的比较分析如表 7-1 所示，ARM 架构低功耗的优势，对采用 ARM 架构的设备和应用软件的发展起到了很大的作用。

表 7-1　X86 和 ARM 架构的指标比较

指标	X86	ARM
指令系统	CISC，复杂指令集	RISC，精简指令集，根据负载可优化
架构	重核、多线程、高主频、高性能、高功耗	轻核，均衡的性能功耗比
工艺及技术	14nm，摩尔定律放缓	7nm，业界最领先的制程工艺
生态	生态非常成熟，通用性强	生态正在快速发展和完备
开放性	封闭，Intel 和 AMD 主导	开放平台，知识产权（Intellectual Property，IP）授权的商业模式
供应商	只有 Intel、AMD 两家 CPU 供应商	开放的授权策略，众多供应商

ARM 架构具有低功耗的特性，主要表现在以下 4 个方面。

（1）稳定性高。功耗越高，电子元器件的稳定性和可靠性越差。反之，功耗越低，电子元器件的稳定性和可靠性越高。

（2）体积更小，寿命更长。散热成本低，可以制造体积更小、寿命更长的产品。高功耗的产品必须考虑散热问题，甚至需要风扇帮助散热，这样使产品的元器件和线路裸露在空气中，从而被空气中的有害物质腐蚀，缩短产品寿命。同时，散热设备或器件制约了产品的体积和产品的应用场景。低功耗的电子产品几乎不用考虑散热问题，可以将产品密封保护起来，延长产品寿命。

（3）对供电电源的要求低。在同等条件下，功耗越高对电源的要求也就越高，电源的成本也会随之增加。

（4）续航时间长。同样容量的电池，功耗低的产品比功耗高的产品续航时间更长。

ARM 架构的低功耗特性对制造和开发成本影响很大，综合成本更低，具体体现如下。

（1）软件开发成本。ARM 架构采用精简指令集，操作系统很小，一般不携带很多工具。基于 X86 架构的软件开发时可以使用较多的编程语言和工具，而基于 ARM 架构的软件大多使用 C 或 Java 开发，学习和掌握编程能力较难，时间较长，所以开发成本比较高。然而，基于 Android 系统开发的软件，只要能在某台 ARM 设备中运行，就可以在基于同样系统的另一台设备上运行。

（2）硬件的开发成本。ARM 架构在 CPU 芯片中已经整合了几乎所有功能，几乎所有线路按原理图直接拉出即可，需要扩展的部分不多，所以其开发成本会比较低。而 X86 架构的外围线路很多，需要具有丰富经验的工程师操作，所以 X86 主板的设计费用会比较高。

（3）硬件的制造及应用成本。ARM 或 X86 主板的制造成本是由元器件和加工费构成的，通常一片 ARM 主板的价格与一片 X86 主板的价格差不多，但 ARM 主板是一片可以独立使用的产品，X86 主板通常还要配备 CPU、内存、硬盘和显卡等。另外，X86 主板还要配置一个电源，这个电源比 ARM 的电源要贵很多，因而 X86 在硬件方面的成本比 ARM 高得多。

4. ARM 服务器

ARM 架构功耗低、成本低的两大优势，以及采用开放平台与 IP 授权的商业模式，使其发展迅猛，应用越来越广泛。ARM 架构不仅仅用于特定的专用终端设备，在 ARM 架构服务器方面，也有较大的发展。为了突破 Intel 的垄断，ARM 架构的服务器制造商利用 ARM 架构高密度、低功耗的优势，实现了芯片级的硬件定制，制造的 ARM 服务器大大地提升了 CPU 的利用率，为服务器虚拟化提供了一个基于需求的扩容选择，从而为数据中心和企业带来功耗更低、更高效的服务器解决方案，大大节约了成本。

采用 X86 架构的服务器成本越来越高，一颗 Intel Xeon 处理器价格就高达数千美元，能耗高达上百瓦特，与之配套的电源、主机板、散热器价格都不便宜。而 ARM CPU 在这方面就要好得多，例如，Dell 公司推出的代号为"Copper"的 ARM 服务器的单个计算节点，包括 CPU、内存、主板等所有配件，热功耗仅为 15W。此外，ARM 架构体积小，传统 PC 的机架里可以放进 4 个 ARM 计算节点，总共 48 个计算节点的服务器集群可以塞进一台单一的 3U C5000 机柜。虽然每一个 ARM 架构的 CPU 运算能力都大大逊色于 X86 架构的 CPU，但使用同样多的钱可以买更多 ARM 架构的 CPU，搭建更多的节点，其整体性能并不逊色。

国际上基于 ARM 架构的服务器近年来进步很快，除了 Dell 外，亚马逊云服务 AWS 推出了基于 ARM 架构的计算服务。在国内，华为公司早在 2005 年就设计出了基于 ARM 架构的基站芯片，之后陆续开发出了基于 ARM 的移动端处理器、64 位处理器、多路 ARM 处理器、7nm 数据中心处理器等，推出了一系列鲲鹏处理器，如图 7-2 所示，为智能计算提供了高效、低功耗的服务器解决方案。

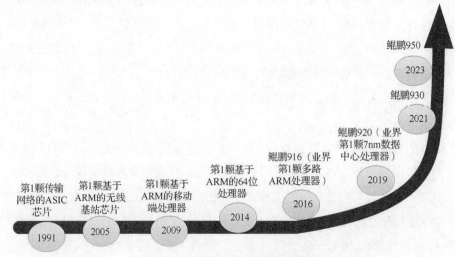

图 7-2　华为一系列鲲鹏处理器

鲲鹏处理器有以下优点。

（1）采用 ARM 架构，同样性能下，占用的芯片面积小、功耗低、集成度更高，更多硬件 CPU 核具备更好的并发性能。

（2）支持 16 位、32 位、64 位等多种指令集，能很好地兼容从物联网、终端到云端的各类应用场景。

（3）大量使用寄存器，大多数数据操作在寄存器中完成，指令执行速度更快。

（4）采用 RISC 指令集，指令长度固定，寻址方式灵活简单，执行效率高。

鲲鹏处理器的不足之处在于，其在数据中心领域属于新进入者，其生态仍处于快速发展阶段，缺乏更多的应用软件。为了提高采用鲲鹏处理器的数据中心的应用能力，最简便的方法是将在 X86 架构上开发和运行的应用软件移植至采用鲲鹏处理器的数据中心。

7.1.2　移植操作流程

移植操作流程是将在 X86 架构上开发和运行的应用软件移植至 ARM 架构上的一系列操作步骤和过程。不同应用软件的移植流程基本是一样的，但编译型和解释型计算机语言编写的应用软件略有不同。编译型计算机语言编写的应用软件在编译时进行转换，直接生成可执行的机器码文件；解释型计算机语言编写的应用软件，并不直接生成可执行文件，而是在运行时才进行转换。

【微课视频】

1．软件移植原理

程序分为用编译型语言编写的程序和用解释型语言编写的程序。由于 CPU 架构和指令集的不同，在 X86 架构上使用高级语言编写的程序，是不能直接在 ARM 架构上运行的。

（1）编译型程序

编译型语言：典型的如 C、C++、Go 语言都属于编译型语言。由编译型语言开发的程序在从 X86 处理器移植到 ARM 处理器时，必须经过重新编译才能运行。

编译型语言的源代码需要由编译器、汇编器翻译成机器指令，再通过链接器链接库函数生成机器语言程序。机器语言必须与 CPU 的指令集匹配，在运行时通过加载器加载到内存，由 CPU 执行指令。

（2）解释型程序

解释型语言：典型的如 Java、Python 语言都属于解释型语言，由解释型语言开发的程序在移植到 ARM 处理器时，一般不需要重新编译。

解释型语言的源代码由编译器生成字节码，然后再由虚拟机解释执行。虚拟机将不同 CPU 指令集的差异屏蔽，因此解释型语言的可移植性很好。但是，如果程序中调用了编译型语言所开发的库，那么这些库需要重新移植编译。

2．软件移植的过程

软件移植过程分为 5 个阶段：技术分析、编译迁移、功能验证、性能调优、规模商用，具体介绍如表 7-2 所示。

表 7-2　软件移植过程的 5 个阶段

阶段	移植工作		
	软件移植	迁移环境	管理工作
技术分析	支撑分析（应用软件、操作系统、数据库、中间件组件等）；编程语言/代码、依赖库分析	准备调试编译环境（准备测试样机，服务器/OpenLab 线上服务器）	成立项目组；制订移植计划；协调相关人力/物料资源
编译迁移	重写汇编代码；修改编译选项；代码编译（含依赖库替换）	搭建编译调试环境（操作系统/编译器/工程等）	例行监控与沟通汇报
功能验证	全量功能验证；交付工具适配	搭建功能测试环境	例行监控与沟通汇报
性能调优	软件关键性能指标测试和调优；全面性能测试和调优	部署测试工具	例行监控与沟通汇报
规模商用	可靠性、可服务性验证和配置工具开发；上市资料刷新	部署生产系统；割接上线	项目总结和关闭

从表 7-4 可以看出，软件移植过程的步骤很多，不同语言的软件移植流程也有所不同，分别以 C/C++、Java 和 Python 为例，说明其软件移植流程。

（1）C/C++软件源码编译移植流程

C/C++软件源码编译移植流程如下。

① 获取源码。

② 准备编译环境，如安装编译器 GCC 等。

③ 使用开源软件源码中的 CMake 或 AutoConfig 脚本生成 makefile。

④ 执行 makefile，编译可执行程序。

⑤ 借助开源的 readme 文件，熟悉软件编译中的"使用依赖库"等说明，以便在编译时出现依赖库缺失或链接错误的情况下，可以找到出错位置，替换依赖库并重新编译。

⑥ 将可执行程序安装部署到生产或测试系统中。

（2）Java 代码移植流程

以移植到华为鲲鹏服务器为例，Java 代码移植流程如下。

① 安装鲲鹏或 ARM 版本的 JDK。

② 配置 JDK 环境变量。

③ 编译 Java 源码生成字节码。

④ 可选步骤。移植 JAR 包中的依赖库（替换鲲鹏/ARM 版本或获取 C/C++源码重新编译）。

⑤ 可选步骤。使用新的依赖库重新打 JAR 包。

⑥ 启动 Java 程序，调试功能。

（3）Python 代码移植流程

以移植到华为鲲鹏服务器为例，Python 代码移植流程如下。

① 使用操作系统自带的 Python，或安装兼容鲲鹏/ARM 版本的 Python 软件。

② 设置 Python 环境变量。

③ 编译生成 PYC 文件（字节码）。

④ 可选步骤。移植外部依赖库（替换鲲鹏/ARM 版本或获取 C/C++源码重新编译）。

⑤ 可选步骤。更新代码中新的外部依赖库调用代码。

⑥ 启动 Python 程序，调试功能。

7.1.3　移植工具

目前，一些服务器厂商提供了 ARM 架构的服务器平台和云服务平台，供开发者测试 ARM 企业应用。这些服务器平台提供大量工具和服务，帮助开发者将软件从传统的 X86 架构移植到 ARM 架构，开发者可根据实际需要，随时增加或者减少其服务器配置。

不同的 ARM 服务器平台提供的移植工具不同，本节以华为的移植工具为例，说明移植工具的作用和功能。

华为的鲲鹏开发套件是面向鲲鹏处理器进行应用软件移植与调优的系列化工具。通过鲲鹏开发套件可实现对海量代码进行快速扫描和分析，并提供专业的代码移植指导，以及移植后全面的系统性能分析与可视化呈现，从而极大提升软件开发者的移植与调优效率。

鲲鹏开发套件包括 Dependency Advisor（分析扫描工具）、Porting Advisor（代码迁移工具）、Tuning Kit（性能优化工具）。套件集成了华为代码移植与性能调优的专家经验，能够对海量代码进行自动化扫描和分析，识别出需要移植的依赖库文件，给出专业的移植报告与建议，并提供从系统、进程、函数到代码的全景性能分析，为开发提供从软件评估、代码移植到性能调优的端到端一站式服务。鲲鹏开发套件软件移植的主要流程如图 7-3 所示。

图 7-3　鲲鹏开发套件软件移植的主要流程

1. 华为鲲鹏分析扫描工具简介

华为鲲鹏分析扫描工具可安装在 X86 服务器或者 TaiShan 服务器上，当用户有软件需要移植到鲲鹏计算平台（如 TaiShan 服务器等使用鲲鹏处理器的服务器产品）时，可先用该工具分析可移植性和移植投入。该工具解决了用户软件移植评估分析过程中人工分析投入大、准确率低、整体效率低下的问题，能够自动分析并输出指导报告。目前，华为鲲鹏分析扫描工具支持的功能如下。

（1）检查用户软件资源包（RPM、DEB、TAR、ZIP、GZIP 文件）中包含的 SO（Shared Object）依赖库和可执行文件，并评估 SO 依赖库和可执行文件的可移植性和在安装包中的相对路径。

（2）检查用户 Java 类软件包（JAR、WAR 文件）中包含的 SO 依赖库和二进制文件，并评估上述文件的可移植性。

（3）检查指定用户软件安装路径下的 SO 依赖库和可执行文件，并评估 SO 依赖库和可执行文件的可移植性。

（4）检查用户 C/C++软件构建工程文件，并评估该文件的可移植性。

（5）检查用户 C/C++软件源码，并评估软件源文件的可移植性。

（6）向用户提供软件移植报告，并提供移植工作量评估。

（7）支持命令行方式和 Web 方式两种工作模式。

2. 华为鲲鹏代码迁移工具简介

华为鲲鹏代码迁移工具是一款可以简化客户应用移植到 TaiShan 服务器过程的工具。当客户将 X86 平台的源代码软件移植到鲲鹏计算平台上时，可用该工具自动分析出需修改的代码内容，并指导用户进行修改。该工具解决了用户代码兼容性人工排查困难、移植经验欠缺、编译出现错误时难以定位且需反复修改等问题。目前，华为鲲鹏代码迁移工具支持 3 个应用中心，这些中心及其支持的功能介绍如下。

（1）源码移植扫描中心。检查用户 C/C++软件构建工程文件，并指导用户如何移植该文件；检查用户 C/C++软件构建工程文件使用的链接库，并提供可移植性信息；检查用户 C/C++软件源码，并指导用户如何移植源文件。

（2）软件移植中心。基于华为丰富的软件移植经验，帮助用户快速移植软件。

（3）软件分析构建中心。分析用户 X86 软件包的构成，重构适用于鲲鹏平台的软件包。

3. 华为鲲鹏性能优化工具简介

华为鲲鹏性能优化工具是针对鲲鹏计算平台的性能分析和优化工具，能收集处理器硬件、操作系统、进程/线程、函数等各层次的性能数据，分析出系统性能指标，定位系统瓶颈点及热点函数。目前，华为鲲鹏性能优化工具支持的功能特性如下。

（1）系统配置全景分析。采集整个系统的软硬件配置信息，分析并针对不合理项提供优化建议。

（2）系统性能全景分析。借鉴业界的 USE（Utilization、Saturation、Errors）方法，通过采集系统 CPU、内存、存储 I/O、网络 I/O 等资源的运行情况，获得它们的使用率、饱和度、错误度量等指标，识别系统瓶颈。针对部分系统指标项，根据已有的基准值和优化经验提供优化建议。

（3）系统资源调度分析。基于 CPU 调度事件分析 CPU 核、进程/线程在各时间点的运行状态、进程/线程切换情况，给出相应的优化建议。

（4）进程/线程性能分析。借鉴业界的 USE 方法，采集进程/线程对 CPU、内存、存储 I/O 等资源的消耗情况，获得对应的使用率、饱和度、错误等指标，识别性能瓶颈。针对部分指标项，根据已有的基准值和优化经验提供优化建议。

（5）C/C++程序分析。支持分析 C/C++程序代码，找出性能瓶颈点，给出对应的热点函数及其源码和汇编指令；支持通过火焰图展示函数的调用关系，给出优化路径。

（6）Java 混合模式（Mixed-Mode）分析。支持分析 Java 程序代码，找出性能瓶颈点，给出对应的热点函数；支持通过火焰图展示函数的调用关系，给出优化路径。

7.2 软件测试

随着科技越来越发达，软件行业不再处于一家独大的状态，不再是研发一个软件出来，即使软件问题很多、功能简陋且不完善，也能推向市场，并获得追捧。现如今，软件要在市场中占据一席之地，须以质量取胜。由于软件质量越来越受到重视，软件测试这个行业诞生了。

7.2.1 软件测试简介

为了保证软件的质量和可靠性，应力求在分析、设计等各个开发阶段结束前，对软件进行严格的技术评审。但由于人们能力的局限性，审查时往往难以发现所有的错误，而且在编码阶段还可能会出现大量的错误。这些错误和缺陷若遗留到软件交付投入运行之时，终将会暴露出来。而在软件交付时再改正这些错误的代价非常高，往往会造成很严重的后果。因此，在产品开发过程中，在对开发技术进行审查时，也应及时对开发技术中可能存在的问题进行检测，即软件测试。

软件测试是在软件投入运行前，对软件需求分析、设计规格说明和编码的最终审查，是保证软件质量的关键步骤。因此，软件测试是为了发现错误而执行程序的过程，即在规定的条件下对程序进行操作，以发现程序错误和衡量软件质量，并对程序是否能满足设计需求进行评估。软件测试也可以理解为使用人工或自动的手段来运行或测定某个软件系统的过程，以检验软件是否满足规定的需求或弄清预期结果与实际结果之间的差别。

1. 软件测试的目的

基于不同的立场，存在着两种完全不同的软件测试目的。从用户的角度出发，普遍希望通过软件测试使软件中隐藏的错误和缺陷暴露出来，以便用

【微课视频】

户考虑是否可以接受该产品。从软件开发者的角度出发，则希望软件测试成为表明软件产品中不存在错误的过程，验证该软件已完全满足了用户的要求，竖立用户对软件质量的信心。

因为程序中往往存在着许多预料不到的问题和疏漏，许多隐藏的错误只有在特定的环境下才可能暴露出来。若测试的重点不是尽可能查找错误，则这些隐藏的错误和缺陷很难被查出来，且将会遗留到运行阶段。如果站在用户的角度进行设想，应当把测试活动的目标对准揭露程序中存在的错误。在选取测试用例时，应考虑使用易于发现程序错误的数据。所以在进行软件测试活动之前，明确测试的目的是非常重要的。软件测试的目的包括以下两方面。

（1）测试是为了发现程序中的错误而执行程序的过程。

（2）通过设计合理的测试方案发现迄今为止尚未发现的错误。

由以上介绍可以看出，测试的定义是"为了发现程序中的错误而执行程序的过程"。这与通常所说的"测试是为了表明程序是正确的""成功的测试是没有发现错误的测试"等观点是完全相反的。正确认识测试的目的是十分重要的，测试目的决定了测试方案的设计。如果仅为了表明程序是正确的而进行测试，那么会设计出一些不易暴露错误的测试方案；相反，如果测试是为了发现程序中的错误，那么人们会力求设计出最能暴露错误的测试方案。

由于测试的目的是暴露程序中的错误，且从心理学角度分析，由程序的编写者自己进行测试是不恰当的，所以在综合测试阶段通常由其他人员组成测试小组来完成测试工作。

2. 软件测试的分类

软件测试的测试类型可按照不同的方向划分，如图 7-4 所示。常见的测试类型是功能测试、性能测试和自动化测试，其中功能测试是主要的测试类型。

【微课视频】

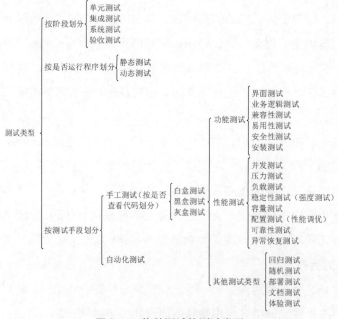

图 7-4　软件测试的测试类型

功能测试、性能测试和其他测试类型的概述如下。

（1）功能测试

功能测试指根据产品特性、操作描述和用户方案，测试一个产品的特性和可操作行为，以确定产品满足设计需求。在本地进行的功能测试，是为了验证该软件能为目标用户正常提供服务。使用适当的平台、浏览器和测试脚本进行测试时，需要验证产品能提供好的用户体验。

功能测试是为了使程序能以期望的方式运行并按功能要求对软件进行的测试，它通过对系统所有的特性和功能进行测试来确保产品符合需求和规范。功能测试也叫数据驱动测试，只需考虑需要测试的各个功能，不需要考虑整个软件的内部结构及代码。其一般从软件产品的界面、架构出发，按照需求编写测试用例，输入数据，在预期结果和实际结果之间进行评测，进而提出更能使产品达到用户使用要求的方案。

① 界面测试

界面测试（简称 UI 测试）的主要内容包括测试用户界面功能模块的布局是否合理、整体风格是否一致、各个控件的放置位置是否符合客户使用习惯，此外还要测试界面操作的便捷性、导航的简单易懂性、页面元素的可用性、界面中文字是否正确、命名是否统一、页面是否美观、文字和图片组合是否完美等。

② 业务逻辑测试

业务逻辑测试的侧重点在业务流程上，在基本的功能点都已测试通过的基础上，准备并组合多种测试数据，驱动或辅助各种约束条件下的业务流程，确定最终输出的结果是否符合预期。业务逻辑测试大多要结合实际业务逻辑。

③ 兼容性测试

兼容性测试包括软件本身的兼容性、平台兼容性、设备兼容性、其他软件兼容性等测试。软件本身的兼容性，是指对历史版本的数据、功能等进行兼容。平台兼容性是指不同平台下的兼容，因为软件可能运行在多个平台上，所以在这些平台上都需要进行验证。设备兼容性是指软件对运行设备的兼容性，如有多台手机设备运行 Android 系统。其他软件兼容性是指软件与一些主流的软件是否兼容，如一个软件和微信不兼容，那就会减少大量用户。

④ 易用性测试

易用性测试，顾名思义就是产品是否易操作、易理解、使用是否方便等。易用性测试是完全站在用户的角度进行的测试。

⑤ 安全性测试

安全性测试是对产品进行检验以验证产品符合安全需求定义和产品质量标准的过程。特别是一些安全要求较高的产品，其登录、注册等功能是安全性测试关注的重点。

⑥ 安装测试

安装测试主要包括软件安装、软件卸载和软件版本升级 3 个方面，具体如表 7-3 所示。

表 7-3　安装测试主要项目

测试项目	具体内容
软件安装测试	• 软件在不同操作系统下安装的过程。 • 软件安装后是否能够正常运行，安装后的文件夹以及文件是否到达指定的目录。 • 软件安装各个设置选项的组合是否符合软件概要设计说明。 • 软件安装向导的 UI 测试。 • 软件安装过程是否可以取消，单击"取消"按钮后，写入的文件是否按概要设计说明进行处理。 • 软件安装过程中意外情况的处理是否符合需求设计，意外情况包括死机、重启、断电等。 • 安装过程是否可以回溯，即是否可以单击"上一步"按钮重新选择
软件卸载测试	• 直接卸载安装文件夹，卸载的提示是否与概要设计说明一致。 • 使用系统自带的卸载功能卸载软件是否成功，如 Windows 7 等系统。 • 使用软件本身自带的卸载功能卸载软件是否成功。 • 软件卸载后文件是否全部删除，包括安装文件夹、注册表、系统环境变量。 • 卸载过程中出现意外情况（如死机、断电、重启等情况）的处理方法。 • 卸载是否支持取消功能，单击"取消"按钮后软件卸载的情况。 • 软件自带卸载功能的 UI 测试。 • 如果软件调用了系统文件，当卸载文件时，是否有相应的提示
软件版本升级测试	• 软件升级后的功能是否与需求说明一致。 • 与升级模块相关联的模块功能是否与需求一致。 • 升级安装意外情况的测试，如死机、断电、重启等情况。 • 升级界面的 UI 测试。 • 不同系统间的升级测试，如 Windows 7、Windows 10 等系统

（2）性能测试

性能测试验证软件的性能是否可以满足系统规格给定的指定性能指标。性能测试通过自动化的测试工具模拟多种正常、峰值以及异常负载条件来对系统的各项性能指标进行测试。

性能测试要求测试人员考虑软件系统的全面性能，包括用户、开发、管理员等各个视角的性能。测试人员在做性能测试时除需要关注系统表面的现象（如响应时间）之外，还需要关注系统本质，如服务器资源利用率、架构设计是否合理、代码是否合理等。

性能测试的应用主要分为以下 3 个方面。

① 应用在客户端。目的是考察客户端应用的性能，测试的入口是客户端。应用对客户端性能的测试主要包括并发测试、负载测试、压力测试、稳定性测试、大数据量测试和速度测试等，其中并发测试是重点。

② 应用在网络上。重点是利用成熟先进的自动化技术进行网络应用性能监控、网络应用性能分析和网络预测。

③ 应用在服务器上。可以采用工具进行监控，也可以使用系统本身的监控命令，如在 Tuxedo 系统中可以使用 top 命令监控资源使用情况。应用在服务器上的性能测试的目的是实现服务器设备、服务器操作系统、数据库系统和应用等在服务器上性能的全面监控。

① 并发测试

并发测试的过程是一个负载测试和压力测试的过程，即逐渐增加负载，直到系统的瓶颈或者不能接收的性能点，通过综合分析交易执行指标和资源监控指标来确定系统并发性能。并发测试的目的主要体现在以下 3 个方面。

a．以真实的业务为依据，选择有代表性的、关键的业务操作设计测试案例，以评价系统的当前性能。

b．当扩展应用程序的功能或者新的应用程序将要被部署时，并发测试会帮助确定系统是否还能够处理期望的用户负载，以预测系统的未来性能。

c．通过模拟成百上千个用户，重复执行和运行测试，确认性能瓶颈并优化和调整应用。

② 压力测试

压力测试就是测试出系统所能承受的最大压力极限。即所测试的系统在何种性能压力下会导致失效，无法正常运行。也可以理解为压力测试是通过确定一个系统的瓶颈或者不能接收的性能点，来获得系统能提供的最大服务级别。

③ 负载测试

负载测试确定在各种工作负载下系统的性能，目标是测试当负载逐渐增加时系统组成部分的相应输出项，如通过量、响应时间、CPU 负载、内存使用等，来决定系统的性能。也可以理解为负载测试是一个分析软件应用程序和支撑架构，通过模拟真实环境的使用，来确定能够接收的性能的过程。负载测试的目的是确定系统在正常指标下的最大负载，即在测试过程中逐步地增加负载，并记录被测系统的性能表现，最终确认系统在正常指标下最大的负载。

④ 稳定性测试

稳定性测试一般是对系统施加稍大于使用人数压力环境，对系统进行持续的、长时间的测试，如连续 3 天施加压力，确定系统在较长运行时间情况下的稳定性。

⑤ 容量测试

容量测试确定系统最大承受量，如系统最大用户数、最大存储量、最多处理的数据流量等。容量测试还可以理解为找出系统性能指标中特定环境下的一个特定性能指标，即设定的界限或极限值。

容量测试的目的是预先分析出反映软件系统应用特征的某项指标的极限值，如最大并发用户数、数据库记录数等，系统在该极限状态下应没有出现任何软件故障或还能保持主要功能正常运行。容量测试还将确定测试对象在给定时间内能够持续处理的最大负载或工作量。

⑥ 配置测试

配置测试通过调整软硬件环境，测试不同环境下系统性能指标，从而找到系统的最优配置。

⑦ 可靠性测试

可靠性测试就是为了评估产品在规定的寿命期间内，在预期的使用、运输或储存等环境下，能否保持功能可靠性而进行的活动。可靠性测试通过将产品暴露在自然的或人工的环境条件下并经受其作用，以评价产品在实际使用、运输和储存环境条件下的性能，并分析研究环境因素的影响程度及其作用机理。通过使用各种环境试验设备模拟气候环境中的高温、低温以及高湿度等情况，加速反映产品在使用环境中的状况，来验证产品是否达到在研发、设计、制造中的预期质量目标，从而对产品整体进行评估，以确定产品可靠性寿命。

⑧ 异常恢复测试

异常恢复测试（失效恢复测试）用于测试系统失效后是否有措施进行恢复以及是否能够按指定的策略进行恢复。

（3）其他测试类型

① 回归测试

回归测试是指修改了旧代码后，重新进行测试以确认修改没有引入新的错误或导致其他代码产生错误。自动回归测试将大幅降低系统测试、维护升级等阶段的成本。

回归测试作为软件生命周期的一个组成部分，在整个软件测试过程中占有很大的工作量比重，软件开发的各个阶段都会进行多次回归测试。因为在渐进和快速迭代开发中，新版本的连续发布使回归测试进行得更加频繁，而在极端编程方法中，更是要求每天都进行若干次回归测试，所以通过选择正确的回归测试策略来改进回归测试的效率和有效性是很有意义的。

提到回归测试，人们会很容易想到冒烟测试，因为两者有许多相似之处。冒烟测试是在软件开发过程中的一种针对软件版本包的快速基本功能验证策略，是对软件基本功能进行确认验证的手段，并非对软件版本包的深入测试。冒烟测试也是针对软件版本包进行详细测试之前的预测试，执行冒烟测试的主要目的是快速验证软件基本功能是否有缺陷。

② 随机测试

随机测试是根据测试说明书执行用例测试的重要补充手段，是保证测试覆盖完整性的有效方式和过程。随机测试主要是对被测软件的一些重要功能进行复测，也包括测试当前测试用例没有覆盖到的部分。此外，对于软件更新和新增加的功能需要重点测试。重点对以前测试发现的重大 bug 进行复测。

③ 部署测试

部署测试用于确保软件在正常情况和异常情况下都能进行安装。正常情况包括首次安装、升级、自定义安装，异常情况包括空间不足、缺少目录创建权限、安装过程中关机重启等。部署测试与安装测试很容易混淆，它们的区别在于部署测试通常针对的是 Web 端的应用程序，而安装测试一般针对的是 App 端的应用程序。

④ 文档测试

文档测试用于检验样品用户文档的完整性、正确性、一致性、易理解性和易浏览性，包括用户手册、使用说明和用户帮助文档等。

⑤ 体验测试

体验测试是测试人员在将产品交付给用户之前站在用户角度进行的一系列体验使用，对界面是否友好、美观，操作是否流畅，功能是否达到用户使用要求等进行测试。

体验测试的目的是判定产品是否能让用户快速地接受和使用，更直观的说法是验证产品是否会不符合用户的习惯，甚至让用户对产品产生抗拒心理。

3. 软件测试流程

软件测试在软件生命周期中横跨两个阶段。其中编码与单元测试属于软件生命周期中的第一个阶段。这个阶段结束之后，对软件系统还需要进行各种综合测试，这便是软件生命周期的第二个阶段。

【微课视频】

软件生命周期即从软件需求的分析、结构图的设计、编码的实现到程序的测试、系统的维护、版本升级，直到软件的废弃的过程。

测试阶段也有类似软件生命周期的流程规范，软件测试常用流程图如图 7-5 所示。

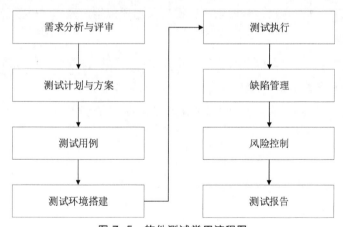

图 7-5 软件测试常用流程图

测试阶段的各个流程介绍如下。

（1）需求分析与评审

需求分析与评审即分析客户的需求是否可行，并确定怎样进行测试的过程。测试介入阶段一般从需求分析开始，需求分析阶段是整个软件生命周期中关键的一环。在此阶段，产品、研发、测试三方对产品需求的理解应做到一致。因此，需求评审会显得尤其重要。

一般会先进行一次需求评审，如果有异议或不确定的点，则产品需要做进一步修改，并通知产品开发人员或再次进行需求评审。在需求阶段需要产出需求文档规格书、产品原型图和详细设计说明书等。同时，在此阶段要求测试人员做到专业，对每个环节都严格把控，保证项目整体的质量。

（2）测试计划与方案

测试计划大多由测试组长编写，主要包括测试目标、测试资源、测试策略、测试需求（如功能、接口、自动化、性能、安全、兼容性等）、测试进度计划。此外，还需要根据项目总体排期表，制订出测试排期与人员安排计划。

测试方案为具体实施的方案，主要包括测试需求细化、自动化测试设计、性能场景抽离、测试数据、测试脚本、测试用例设计等。

（3）测试用例

测试用例即将需求细化为用户操作的、具体的功能点。测试用例内容包括测试编号 ID、功能模块、操作步骤、预期结果和实际结果这 5 个部分。

（4）测试环境搭建

根据开发人员提供的部署文档搭建软件系统测试环境，若部署文档存在问题，应及时与开发人员沟通解决，并及时修改部署文档中存在的问题。

（5）测试执行

根据前面制订的测试方案、测试用例和操作手册模拟用户操作软件系统。

（6）缺陷管理

对于缺陷管理，每个公司都有自己的管理平台。合理地管理缺陷、分析缺陷不仅可以提高产品质量，还可以提高工作效率。

缺陷的书写规范、缺陷的分析过程和缺陷管理的方法介绍如下。

① 缺陷的书写规范

书写规范包括命名、步骤描述信息、软件版本信息、缺陷严重程度、缺陷类型和附件（缺陷复现步骤截图、错误日志文件），应尽量做到简单地描述一个缺陷。

② 缺陷的分析过程

缺陷的分析过程包括缺陷的跟踪和缺陷的定位与分析。

缺陷的跟踪，即分析一个缺陷的生命周期分为几个状态，还可能变更修复人、验证人等信息，及时跟踪并做好缺陷留言，以免遗漏。

缺陷的定位与分析，即测试人员应尽可能地发现问题，并试着去定位问题、总结问题。

在一个项目中，缺陷分析是必不可少的，包含 bug 严重等级分布图、版本与 bug 数量趋势图、模块 bug 占比图、缺陷类型图等，可以从多个角度分析缺陷的产生原因并分析如何去减少缺陷的产生数量。

③ 缺陷管理的方法

建议测试人员自己进行版本控制，如提测版本、提测脚本、提测范围等，保证缺陷与版本的对应关系，以免混乱。

（7）风险控制

大多数时候，软件研发、测试等任务并不能按照预定的计划如期完成，其中包括许多未知的风险因素，如任务中遇到了某个难题导致花费了大量时间而不能如期完成任务，或是因人员请假而没有临时可以代替的人员等。在系统中可能也会因为某些依赖包、版本的微小差异而带来风险。

软件在研发、测试过程中风险因素的控制方法如下。

① 测试需求确认后，尽早确定项目排期，明确提测时间点、提测范围、上线时间点等，从而在遇到变更时能够及时调整。

② 需求、设计中途变更。为了工期压缩研发时间与测试时间的风险很高，会导致研发代码质量差的事件频发，测试耗时耗力，从而需要提前预警变更。

③ 提测时间点推迟。应提前和项目经理沟通，增加测试人力或延长测试时间，保证测试的质量。

④ 研发人员不进行冒烟测试。测试人员在提测阶段发现问题后，需要研发人员重新发布软件，这样会浪费大量的时间，因此，研发人员应与项目经理沟通，保证冒烟测试通过才进行提测，测试人员可提供冒烟测试用例。

⑤ 研发人员技术参差不齐。应先测试新人研发的模块或研发质量差的模块，争取更多的缺陷修复时间。

⑥ 测试环境变更。有些项目需要特定的环境，测试环境与生产环境存在差异，会导致上线后问题频发，所以要确认测试环境与生产环境的一致性。

⑦ 测试人员技术水平不同。特别是外包新进人员，对于质量的把控与产品理解不到位，将造成测试标准的误差。

（8）测试报告

一个项目测试结束，需要编写测试报告。测试报告涉及测试环境信息、测试数据备份、测试项目总结、测试范围列表、bug 整体的分析与统计等内容，以及所测试的软件版本是否有遗留 bug、风险点等。

4．软件测试的内容

软件测试的主要工作内容是验证和确认。验证是保证软件正确地实现一些特定功能的一系列活动，即保证软件做了用户所期望的事情；确认是一系列的活动和过程，目的是证实在一个给定外部环境中软件的逻辑正确性，即保证软件以正确的方式做了某件事。

"确认"的一些具体事项如下。

（1）确定软件生存周期中一个给定阶段的产品是否达到前阶段所确立的需求。

（2）程序正确性的形式证明，即采用形式理论证明程序符号设计规约的规定。

（3）评审、审查、测试、检查、审计等各类活动，或对某些项目的处理、服务或文件等是否与规定的需求相一致进行判断和提出报告。

软件测试具体的工作事项如下。

（1）确定得到需求、功能设计、内部设计说明书和其他必要的文档、进度要求等。

（2）确定与项目有关的人员和他们的责任、对报告的要求、所需的标准和过程（如发行过程、变更过程等）。

（3）确定应用软件的高风险范围，建立优先级，确定测试涉及的范围和限制。

（4）确定测试的步骤和方法，包括部件、集成、功能、系统、负载、可用性等各种测试。

（5）确定对测试环境的要求，包括硬件、软件、通信等。

（6）确定所需的测试用具，包括记录/回放工具、覆盖分析工具、测试跟踪工具、问题/错误跟踪工具等。

（7）确定对测试的输入数据的要求。

（8）分配任务和任务负责人，以及所需的劳动力。

（9）设立大致的时间表、期限和里程碑。

（10）确定输入环境的类别、边界值、错误类别。

（11）准备测试计划文件并对测试计划进行必要的回顾。

（12）准备白盒测试案例。

（13）对测试案例进行必要的回顾、调查、计划。

（14）准备测试环境和测试用具，得到必需的用户手册、参考文件、结构指南、安装指南，建立测试跟踪过程，建立日志和档案，建立或得到测试输入数据。

（15）得到部署文档并安装适宜版本软件以及进行测试。

（16）评估和报告结果。

（17）跟踪缺陷直到验证通过。

7.2.2 常用测试工具

自动化测试工具有多个种类，如 Web 自动化、手机自动化等。Web 自动化测试工具主要有 Selenium、QTP 等。手机自动化测试工具主要有 Robotium、Appium 等。接口自动化测试工具主要有 SoapUI、Postman 等。性能自动化测试工具主要有 LoadRunner、JMeter 等。

性能自动化测试工具属于自动化测试工具中侧重测试系统性能的一种工具，软件系统的性能是衡量软件质量的重要依据。

1．性能测试工具

【微课视频】

（1）主流的性能测试工具

市面上流行的性能测试工具大部分来自国外，近年来国内的性能测试工具也如雨后春笋般崛起。同时，由于开发的目的和侧重点不同，各种性能测试工具的功能也有很大差异，目前主流的性能测试工具有 LoadRunner、JMeter、kylinTOP 测试与监控平台、NeoLoad、WebLOAD、Loadster、Loadstorm、Load Impact、Locust 等。

LoadRunner 是一种预测系统行为和性能的负载测试工具，可以模拟上千万用户并发负载，并通过实时监测系统性能的方式来确认和查找问题。LoadRunner 能够对整个企业架构进行测试，通过使用 LoadRunner 可以使企业最大限度地缩短测试时间，优化性能和缩短应用系统的发布周期。

LoadRunner 主要包括 3 大功能组件，分别是脚本录制、场景设计和结果分析。脚本录制设置界面如图 7-6 所示。

图 7-6　脚本录制设置界面

图 7-6 所示的脚本录制设置界面中各选项的作用如下。

① 应用程序类型

因为 LoadRunner 只支持 Web 端的应用程序，并且在 Windows 7 系统中运行的兼容性最好，所以一般选择"Win32 应用程序"。

② 要录制的程序

这个选项实际上指的是需要调用的浏览器路径，LoadRunner 11 目前兼容性最好的浏览器版本是 Firefox 24 版本。但一般采用 LoadRunner 12 调用 Chrome 最新版录制脚本，再将脚本导入 LoadRunner 11 进行调试，进而进行性能测试。

③ 程序参数

这个选项的名称很容易让人产生误解，其实它指的是所测试产品的后台服务器 IP。

④ 工作目录

该选项是脚本文件的存放目录，脚本文件一般应与所调用的浏览器存放在同一个硬盘中，这样可以尽量缩小因磁盘性能差异而引起的测试结果与实际结果的差距。

⑤ 录制到操作

这个功能一般默认选择 Action 即可，因为性能测试关注的重点就是产品中某个或者多个用户的操作行为。

⑥ 录制应用程序启动

该功能默认勾选即可，勾选后单击"确定"按钮，便会自动打开浏览器，此时可以模拟用户操作行为，录制需要测试的功能点的脚本。

在脚本调试好并运行多次没有报错后，即可开始进行 Controller 场景设计。

当 Virtual User Generator（虚拟用户生成器）脚本开发完成后，使用 Controller 设置并发数来运行这个脚本，从而模拟大量用户操作，形成负载。

使用 LoadRunner 管理场景主要包括场景设计和场景监控。

Controller 场景设计如图 7-7 所示。

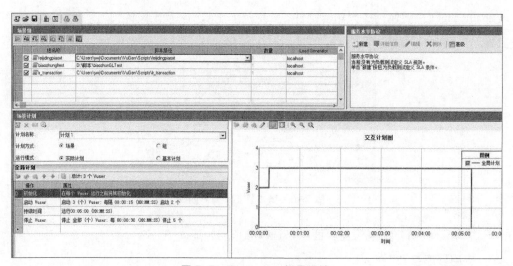

图 7-7　Controller 场景设计

图 7-7 所示的各项功能如下。

a. 左上部分为 vuser 脚本列表。

b. 右上部分为服务水平协议。

c. 左下部分为设置方案。

d. 右下部分为方案显示图。

场景设计好后即可进行场景监控，LoadRunner 自带监控功能，但是由于某些版本的服务器系统并不兼容 LoadRunner 自带的监控功能，所以一般采用第三方监控工具进行系统资源的监控。例如，监控服务器系统资源可以使用 nomn 工具，Controller 负载机所在的系统（即 Windows 7 系统）可以使用自带的监控工具 Perfmon 进行资源监控。

在设计好场景，跑完并发任务后，即可根据监控的数据结果进行性能数据结果分析。该阶段分析系统性能的依据便是性能指标。

常用的性能指标如表 7-4 所示。

表 7-4 常用性能指标

常用性能指标	性能指标概述
Transation Summary（事务综述）	对事务进行综合分析是性能分析的第一步，通过分析测试时间内用户事务的成功与失败情况，可以直接判断系统是否运行正常
Average Transaction Response Time（事务平均响应时间）	显示的是测试场景运行期间事务执行所用的平均时间，通过它可以分析测试场景运行期间应用系统的性能走向
Transactions per Second（每秒通过事务数，简写 TPS）	显示在场景运行的每一秒，事务通过、失败以及停止的数量，是考查系统性能的一个重要参数
Total Transactions per Second（每秒通过事务总数）	显示在场景运行期间，每一秒内通过的事务总数、失败的事务总数以及停止的事务总数。该曲线走向和 TPS 曲线走向一致
Transaction Performance Summary（事务性能摘要）	显示方案中所有事务的最小、最大和平均执行时间，可以直接判断响应时间是否符合用户的要求
Transaction Response Time Under Load（事务响应时间与负载）	是正在运行的虚拟用户图和平均响应事务时间图的组合，通过它可以看出在任一时间点事务响应时间与用户数目的关系，从而掌握系统在用户并发方面的性能数据，为扩展用户系统提供参考
Transaction Response Time（Percentile）（事务响应时间（百分比））	是根据测试结果进行分析而得到的综合分析图，也就是工具通过一些统计分析方法间接得到的图表，通过它可以分析在给定事务响应时间范围内能执行的事务百分比
Transaction Response Time（Distribution）（事务响应时间（分布））	显示在场景运行过程中事务执行所用时间的分布，通过它可以了解测试过程中不同响应时间的事务数量。如果系统预先定义了相关事务可以接受的最小和最大事务响应时间，那么可以使用此图确定服务器性能是否在可以接受的范围内

除 LoadRunner 外，其他主流的测试工具如下。

① JMeter 是一款开源免费的压测产品，最初被设计用来进行 Web 应用功能测试，如今 JMeter 被国内企业用于性能测试。对于 Web 服务器（支持浏览器访问），不建议使用 JMeter，因为 JMeter 的线程组都是线性执行的，与浏览器的执行原理相差很大，测试结果不具有参考性。对于纯接口的部分场景（对接口调用顺序无严格要求）测试则可以使用 JMeter，但是要注意使用技巧，才能达到理想效果。

② kylinTOP 测试与监控平台是一款 B/S 架构的、跨平台的集性能测试、自动化测试、业务监控于一体的测试工具，是深圳市奇林软件有限公司旗下的一款产品，该工具开放 10 个免费虚拟用户供学习和使用。kylinTOP 的易用性较好，录制脚本支持最新版本的浏览器，对 Chrome 和 Firefox 的支持性都非常好。kylinTOP 会为用户自动处理一些 HTTPS 网站的证

书问题，用户可以轻松录制。kylinTOP 录制过程高效便捷的优点是其他性能工具无法比拟的。kylinTOP 是目前最好的性能工具之一，可以做到完全模仿浏览器行为，即单用户的 HTTP 请求瀑布图可以与浏览器的完全一样。总而言之，kylinTOP 是目前国内一款非常好用的性能测试工具，可以替代国外的同类产品。目前，kylinTOP 在军工领域、测评检测机构、银行体系、大型企业都有着广泛的应用。kylinTOP 支持的协议较多（尤其在视频领域），具有独特的优势。

③ NeoLoad（商用版）是 NeoTys 公司出品的一种负载和性能测试工具，可真实地模拟用户活动并监视基础架构运行状态，从而消除所有 Web 和移动应用程序中的瓶颈。NeoLoad 通过使用无脚本 GUI 和一系列自动化功能，可让测试设计速度提高 5～10 倍，并将脚本维持时间保持在原始设计时间的 10%，同时帮助用户使用持续集成系统自动进行测试。NeoLoad 支持 WebSocket、HTTP1/2、GWT、HTML5、AngularJS、Oracle Forms 等技术协议，能够监控包括操作系统、应用服务器、Web 服务器、数据库和网络设备在内的各种 IT 基础设施，同时可以通过 NeoTys 云平台发起系统外部压力。

④ WebLOAD 存在免费和专业两个版本，WebLOAD 专业版是来自 Radview 公司的负载测试工具，可被用于测试系统性能和弹性，也可被用于正确性验证（验证返回结果的正确性）。其测试脚本是用 JavaScript 和集成的 COM/Java 对象编写的，并支持多种协议，如 Web（包括 AJAX 在内的 REST/HTTP）、SOAP/XML 和其他可从脚本调用的协议（如 FTP、SMTP）等，因而可从所有层面对应用程序进行测试。WebLOAD 免费版本支持 50 个虚拟用户，而专业版还提供更多的报告和协议供用户选择。WebLOAD 通常用作质量保证（QA）团队的独立运行工具，在开发周期的验证阶段，在被测系统（System Under Test，SUT）投入使用之前，在模拟环境中对被测系统进行测试。

⑤ Loadster（商用版）是一款商用负载测试软件，用于测试高负载下网站、Web 应用、Web 服务的性能表现，支持 Linux、macOS 和 Windows 等运行环境。Loadster 能够对 Web 应用/服务的 Cookies、线程、头文件、动态表格等元素发起测试，获得 Web 在压力下的性能、弹性、稳定性和可扩展性。

⑥ Loadstorm（商用版）是一款针对 Web 应用的云端负载测试工具，通过模拟海量单击行为来测试 Web 应用在大负载下的性能表现。由于 Loadstorm 采用了云资源，所以它的测试成本非常低，用户可以在云端选择创建自己的测试计划、测试标准和测试场景。Loadstorm 最多可以生成多达 50 000 个并发用户，通过数以千计的云服务器发起访问。使用 Loadstorm 不需要任何脚本知识，同时其提供多样化的测试图表和报告模板，用于准确测量 Web 应用的各项性能指标，如错误率、平均响应时间和用户数量等。Loadstorm 可以申请免费试用，但更多压力和功能需要开通高级账户。

⑦ Load Impact（免费使用）可以在线免费测试网站负载能力，可满足用户的基本要求，付费后用户测试的项目将会更多。Load Impact 是一款服务于 DevOps 的性能测试工具，支持

各种平台的网站、Web 应用、移动应用和 API 的测试。Load Impact 可以帮助用户了解应用的最高在线用户数量，通过模拟测试有不同在线人数时的网站响应时间，估算出服务器的最大负载。Load Impact 的使用非常简单，只需要输入网址进行测试，便可统计出加载网站的一些详细测试数据，包括加载的整体测试数据和站内图片，载入的 JavaScript、CSS 等代码。可以选择不同文件来同时对比最多 3 个对象的加载数据，并生成图表，方便网站设计者分析。测试完成之后，网站还可以存储测试过的统计数据。

⑧ Locust（开源免费）完全是基于 Python 编程语言的，其采用 Pure Python 描述测试脚本，并且 HTTP 请求完全基于 Requests 库。除了 HTTP/HTTPS 协议，Locust 也可以测试其他协议的系统，只需要采用 Python 调用对应的库进行请求描述即可。但是需要手动编写脚本，有一定的难度。

【微课视频】

（2）性能测试流程

性能测试分为 5 个阶段，其流程图如图 7-8 所示，各个阶段的说明如下。

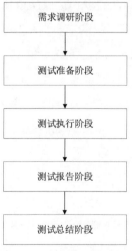

图 7-8　性能测试流程图

① 需求调研阶段

需求调研分两个步骤进行，即需求调研、需求分析。

需求调研工作由性能测试实施人员负责，产品经理、开发工程师、运维工程师配合完成，主要是确定系统线上环境的性能需求。

在这一步骤应阅读软件概要设计文档、软件详细设计文档获取相关信息，包括系统信息（如线上环境硬件、参数配置、系统架构与部署方式、关联系统部署等）、业务信息（关键业务逻辑与处理流程、交易列表、交易量信息、业务分布规律等）、生产问题、文档资料等，并对收集到的信息进行汇总整理，实现对待测系统业务与技术的整体了解。

需求分析是将性能需求转为具体的性能需求指标值。例如，在系统每秒处理的交易数

（Transaction per Second，TPS）是系统的性能指标之一，经过以下 3 点对 TPS 的分析，可将其汇总成测试指标值。

a．TPS 性能指标推导。目前，线上 App1.0 试用系统主要为查询类交易，交易占比 40%，系统生产交易量约为 20 万笔/月，假设 App2.0 系统上线后业务量激增到每日查询类达到 20 万，则每日总交易量 T=200 000/40%=500 000 笔/日。

b．系统处理能力 TPS 推导。按上面的推导，App2.0 系统上线后交易量最大可达 500 000 笔/日，系统晚间几乎无交易量，按 2:8 原则推算，则（500 000×80%）/（8×20%×3 600）≈ 69.4 笔/s，取整为 70 笔/s，每年按业务量增长 50% 计算，则一年后系统处理能力指标约等于 70+70×50%=105 笔/s。

c．稳定性交易量推导。取系统处理能力的 60%×时长=105 笔/s×60%×8×3 600=1 814 400 笔。

需求分析主要内容和规范性要求如下。

a．性能测试需求应准确描述性能测试指标项及需求指标值。

b．系统范围应准确描述性能测试需求指标值所依托的测试范围信息，如应描述测试范围的关联系统逻辑示意图，及各关联系统的信息；在对系统局部环节进行测试时，也须阐明具体测试范围，详细描述被测系统的相关子系统。

c．环境差异分析应准确描述性能测试需求指标值所依托的测试环境信息，如须描述测试环境的总体网络拓扑结构图、测试环境机器配置（数量、型号、资源、操作系统）、相应的软件配置、重要参数配置等。同时，应准确地描述线上环境的上述信息，并进行详细的环境差异性分析。

以上分析内容将作为性能测试方案的重要组成部分。

② 测试准备阶段

测试准备阶段需要完成业务模型到测试模型的构建、性能测试实施方案编写、测试环境的准备、性能测试案例设计、性能测试监控方案设计、性能测试脚本及相关测试数据的准备，并在上述相关准备活动结束后，按照测试计划进行准入检查。

这个阶段重点需要关注的是方案设计、案例设计、数据准备、测试脚本开发等。

a．方案设计。在方案中需要描述测试需求、启停准则、测试模型设计、测试策略、测试内容、测试环境与工具需求以及各个阶段的输出文档。在方案中还须说明性能测试工作的时间计划安排、预期的风险与风险规避方法等。测试模型设计内容来自本阶段测试模型设计中形成的测试场景，以及场景中的典型交易及所占比例。

b．案例设计。案例设计包括案例的描述、测试环境描述（硬件、软件、应用版本、测试数据）、延迟设置、压力场景、执行描述、预期结果、监控要点。案例设计是性能测试工作的必需工作环节，其产出文件是《性能测试案例》。

c．数据准备。环境准备工作涉及基础数据的准备。测试对测试数据的数量、逻辑关系要求十分严格，测试基础数据一般采用自造模拟数据或者脱敏后的线上数据。

d. 测试脚本开发。测试脚本是业务操作的程序化体现，一个脚本一般为一项业务的过程描述。该过程主要为脚本的录制（编写）、修改和调试工作，保证在测试实施之前，每个测试用例的脚本都能够在单笔和少量迭代次数的条件下正确执行。

测试脚本开发的一般步骤如下。

（a）通过录制或者编写，完成脚本代码的生成。代码生成时，根据产品性能需求插入事务，将事务作为测试过程中统计交易响应时间的单位。

（b）根据测试需求，进行参数化设置。

（c）设定检查点，根据报文内容字段判断交易是否正确执行，即检查点的设置在应用层面。

（d）根据测试要求确定是否设置集合点。

③ 测试执行阶段

测试执行阶段是执行测试案例、获得系统处理能力指标数据、发现性能测试缺陷的阶段。测试执行期间，借助测试工具执行测试场景或测试脚本，同时配合各类监控工具进行监控，执行结束后统一收集各种结果数据进行分析。根据需要，执行阶段可进行系统的调优和回归测试。

这个阶段需要重点关注的是测试执行与结果记录、测试监控、测试结果分析。

a. 测试执行与结果记录。测试执行过程有相应的优先级策略，依据测试案例的优先级别，优先执行级别较高的测试案例。测试过程中，通过对每个测试结果进行分析，决定是重复执行当前案例，还是执行新的测试案例。通常，若发现瓶颈问题会立即进行调整，并重新执行测试用例，直到当前的案例通过。在执行阶段，测试的执行、分析调优、回归测试工作较为反复，须认真记录全部执行过程和执行结果，数据结果是分析瓶颈的主要依据。

b. 测试监控。测试的监控工作与执行工作同步进行，场景或脚本开始执行时，同时启动监控程序（可以用 nmon 或者系统命令 top/vmstat/iostat 等）监控网站／网页性能／Ping/DNS/FTP/UDP/TCP/SMTP 等 IT 基础设施的性能指标。

c. 测试结果分析。即在测试过程中根据前端性能测试工具显示监控结果，综合分析出现的测试问题。

④ 测试报告阶段

这个阶段重点关注的是测试报告撰写、测试结果描述、测试缺陷与问题、最终结果分析和测试结论。

a. 测试报告撰写。测试报告内容要包括测试目的、范围及方法、环境描述、测试结果描述、结果分析、结论和建议等。

b. 测试问题描述。测试问题的描述应体现性能测试的执行过程，例如，在混合场景的容量测试问题展示中，需要描述各个并发梯度下的测试问题及监控结果；在数字形式的结果记录中，要求精确到小数点后 3 位有效数字。

c．测试缺陷与问题。在性能测试分析报告中须描述测试过程中发现的缺陷与问题，对于确认是测试缺陷的项进行风险评估，并给出风险提示。

d．最终结果分析。该部分内容应该全面、透彻、易理解，且通过图表方式表达更直观。

e．测试结论。测试结论是性能测试分析报告必须包括的内容。测试的结论须清晰并准确回答性能测试需求中描述的各项指标，须全面覆盖测试需求。

⑤ 测试总结阶段

性能测试的总结工作主要是对该任务的测试过程和测试技术进行总结。性能测试工作进入总结阶段，意味着性能测试工作临近结束。在这个阶段，在时间允许的情况下应将所有的重要测试资产进行归档保存。

（3）性能测试的作用

性能测试的作用主要是验证软件系统是否能够达到用户提出的性能指标，同时发现软件系统中存在的性能瓶颈，优化软件，最后达到优化系统的目的。

性能测试的作用主要包括以下几个方面。

① 评估系统的能力。测试中得到的负荷和响应时间数据可以被用于验证所计划的模型的能力，并帮助做出决策。

② 识别体系中的弱点。受控的负荷可以被增加到一个极端的水平，识别并突破它，从而突破体系的瓶颈或修复薄弱之处。

③ 系统调优。重复运行测试，验证调整系统的活动得到了预期的结果，从而改进性能。检测软件中的问题，长时间的测试执行有可能导致程序发生内存泄露引起的失败，从而揭示程序中隐含的问题或冲突。

④ 验证稳定性和可靠性。在某一生产负荷下执行一定时间长度的测试是评估系统稳定性和可靠性是否满足要求的唯一方法。

优化性能、最小化成本、最小化风险、交付高质量的系统是性能测试的最终目的。

2．自动化测试工具

（1）自动化测试的定义

自动化测试是把人为驱动的测试行为转化为机器执行的测试的一种过程。通常，在设计测试用例并使其通过评审之后，由测试人员根据测试用例中描述的规程一步一步地执行测试，得到实际结果，并与期望结果进行比较。在此过程中，为了节省人力、时间或硬件资源，提高测试效率，便引入了自动化测试的概念。

【微课视频】

（2）自动化测试工具简介

自动化测试工具有很多，如 Web 自动化测试工具、手机自动化测试工具、性能自动化测试工具、接口自动化测试工具等。

Web 自动化测试工具主要有 Selenium、QTP 等。Selenium 是开源免费的，主要通过调用浏览器来模拟用户的操作行为。QTP 是商业软件，支持的协议和功能更多一些，特点是支持通过浏览器模拟用户操作行为来录制脚本。

手机自动化测试工具主要有 Robotium、Appium 等。Robotium 是一款国外的 Android 自动化测试框架，主要针对 Android 平台的应用进行黑盒自动化测试，可以模拟各种手势操作（单击、长按、滑动等）、查找和断言机制的 API，能够对各种控件进行操作。Robotium 结合 Android 官方提供的测试框架对应用程序进行自动化测试。此外，Robotium 4.0 版本已经支持对 WebView 的操作。Robotium 对 Activity、Dialog、Toast、Menu 都是支持的。Appium 的核心是暴露 REST API 的 Web 服务器。Appium 接收来自客户端的连接，监听命令并在移动设备上执行，通过答复 HTTP 响应来描述执行结果。

性能自动化测试工具主要有 LoadRunner、JMeter 等。

接口自动化测试工具主要有 SoapUI、Postman 等。SoapUI 是一个开源测试工具，通过 Soap/HTTP 来检查、调用、实现 Web Service 的功能/负载/符合性测试。该工具既可作为一个单独的测试软件使用，也可利用插件集成到 Eclipse、Maven 2.X、Netbeans 和 IntelliJ 中使用。SoapUI 把一个或多个测试套件（TestSuite）组织成项目，每个测试套件包含一个或多个测试用例（TestCase），每个测试用例包含一个或多个测试步骤，包括发送请求、接收响应、分析结果、改变测试执行流程等。Postman 是一款网页调试与网页 HTTP 请求发送软件，提供功能强大的 Web API&HTTP 请求调试，能够发送任何类型的 HTTP 请求（GET、HEAD、POST、PUT），支持配置多个请求参数和 headers（消息头）。Postman 主要用于模拟网络请求包，快速创建请求，回放、管理请求，快速设置网络代理等。

（3）自动化测试框架

框架是整个或部分系统的可重用设计，表现为一组抽象构件及构件实例间的交互方法；另一种定义认为，框架是可被应用开发者定制的应用骨架。前者是从应用方面给出的定义，而后者是从目的方面给出的定义。从框架的定义可以了解，框架可以是被重用的基础平台，也可以是组织架构类的东西。其实后者更为贴切，因为框和架是用于组织和归类的。

自动化测试框架是由一个或多个自动化测试基础模块、自动化测试管理模块、自动化测试统计模块等组成的工具集合。

自动化测试框架分类如表 7-5 所示。

表 7-5　自动化测试框架分类

分类方式	框架类型
按框架的定义划分	基础功能测试框架、管理执行框架
按不同测试类型划分	功能自动化测试框架、性能自动化测试框架
按测试阶段划分	单元自动化测试框架、接口自动化测试框架、系统自动化测试框架
按组成结构划分	单一自动化测试框架、综合自动化测试框架
按部署方式划分	单机自动化测试框架、分布式自动化测试框架

一般自动化测试框架应包括测试管理、数据驱动、结果分析和测试报告 4 部分内容。

① 测试管理的主要任务是运行控制脚本、建立并维护运行队列、控制运行策略和信号灯。在管理端还需要维护一个测试任务的队列，每个测试脚本开始执行的时间可能不同，状态也不一样，测试管理模块能有效地维护这些脚本的执行。

② 数据驱动的主要任务是将脚本与测试数据分离，这部分是框架的核心，一般测试数据来自自动化测试用例中的数据输入。通过数据驱动模块可以将测试用例中的数据读取到脚本，实现同一脚本执行多个测试用例的功能。

③ 结果分析的主要任务是判断实际结果与预期结果是否一致，为输入测试结果做准备，在测试过程中判断测试用例执行是否成功，不仅仅是查看界面显示，还包括对数据库、相关文件（日志文件和配置文件等）的检查，结果分析模块主要封装执行这些检查的函数和方法。

④ 测试报告主要是在执行测试完成后，输出一份日志文件和一份测试报告，日志文件主要是帮助分析测试结果，判断失败的结果是否是由脚本开发的原因引起的。测试报告主要是用于记录测试结果，至少要记录每个测试用例执行的结果。

（4）自动化测试流程

自动化测试流程图如图 7-9 所示。

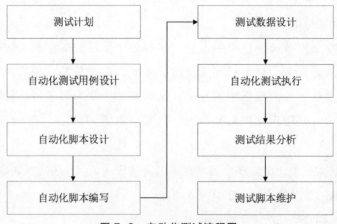

图 7-9　自动化测试流程图

自动化测试主要流程概述如下。

① 测试计划

自动化测试的测试计划是根据项目的具体需求，以及所使用的测试工具而制订的，用于指导测试全过程。

测试计划需求指明测试目的、测试范围、测试策略、测试团队、团队中成员角色和责任、时间进度表、测试环境准备、风险控制和预防措施。

测试策略是测试计划的核心内容，主要阐明本次自动化测试阶段划分、需要测试的业务和冒烟测试的业务流程，并且对每个业务的测试方法应该进行详细介绍。

测试环境准备是测试计划中的一部分，包括计划跟踪和测试环境管理的一系列活动。测试环境包括硬件、软件、网络资源和数据准备，计划中需要评估测试环境准备每个环节的时间。

② 自动化测试用例设计

测试计划步骤完成后，即可开始编写测试用例，自动化测试用例的设计方法与手工测试的设计方法完全一致，最理想的情况是在设计手工测试用例时，将能用作自动化测试的用例标识出来，这样在设计自动化测试用例时便可直接摘录这部分测试用例，不需要重新设计。

③ 自动化脚本设计

每一个测试步骤都能够被独立运行。

评价测试脚本最重要的标准就是它能够重复使用。如果建立了正确的测试环境，测试脚本在每次执行后都应该产生相同的结果。但请记住，脚本对测试环境的依赖很大，所以测试脚本会被另外的一些潜在因素所制约，如计算机系统或网络环境。

④ 自动化脚本编写

脚本编写过程是将测试用例转化为代码的过程，脚本编写应该凸显可重用、易用、易维护的特点。一般情况下，在编写测试脚本之前应该先开发自动化测试框架。需注意的是，自动化测试框架的开发时间并不会计入自动化测试过程，因为在执行自动化测试前，企业会对自动化测试框架开发的时间进行前期投入，并且企业的框架一般只有一个，每个项目都可以共用，不需要针对每个项目进行重新开发。

测试脚本编写过程一般是先使用自动化测试工具录制脚本，这是脚本编写的基础。但是仅仅依据这个脚本是无法很好地支持自动化测试的，必须对脚本进行增强，而增强的最主要目的是使同一脚本能处理多测试用例，对测试结果进行判断；测试结果的判断不仅仅依赖于界面内容的显示，还有数据库、日志文件、配置文件等其他方面的内容的显示。

⑤ 测试数据设计

测试数据设计的原则是尽量使用用户操作时经常用到的数据。例如，执行登录操作时，用户名和密码应尽量使用用户经常使用的；执行查询功能时，测试时用到的数据库应与用户操作时用到的一致。

⑥ 自动化测试执行

脚本开发完成后，应该准备好测试环境，之后即可开始执行测试。自动化测试最主要的目的是进行回归测试，验证功能的正确性，所以需要多次执行脚本；如果测试兼容性，那么脚本还需要在不同的平台下执行。

⑦ 测试结果分析

运行结束后需要对测试结果进行评估，分析结果是否正确，当结果不正确时需要分析产生结果的原因，一般有两个原因：一是脚本出错，如果开发的脚本存在问题，那么结果可能会出错；二是功能的错误，这种情况说明功能存在缺陷。测试结果分析结束后应根据分析的过程编写测试报告。

⑧ 测试脚本维护

测试脚本在保证软件主要业务流程不变的情况下，随软件版本的升级、测试用例的修改应做出相应的修改和维护。

（5）自动化测试的优势

自动化测试的主要优势如下。

① 对于功能已经完整和成熟的软件，其每个新版本软件的大部分功能和界面都与上一个版本相似或完全相同，从而特别适合于自动化测试，可以让测试达到测试每个特征的目的。

② 每日测试的高效率。软件版本的发布周期往往比较短，一般开发周期只有短短的几个月，在软件测试期间，每天或每 2 天要发布一个版本供测试人员测试，一个系统的功能点有几千个或上万个，人工测试非常耗时和烦琐，这样必然会使测试效率低下，而自动化测试则会使每日或每 2 日的测试效率提高。

③ 具有一致性。由于每次自动化测试运行的脚本是相同的，所以每次执行的测试具有一致性，人是很难做到这一点的，自动化测试的一致性使被测软件的任何改变都易被发现。

④ 更好地利用资源。理想的自动化测试能够按计划完全自动运行，在开发人员和测试人员不可能实行三班倒的情况下，自动化测试则完全可以在周末和晚上进行，这样既可以充分利用公司的资源，也可以避免开发与测试之间的等待。

⑤ 通常在开发的末期，即进入了集成测试阶段，由于版本发布的初期，测试系统的错误比较少，所以这时开发人员有等待测试人员测试出错误的时间。事实上，在迭代周期很短的开发模式中存在更多的矛盾，但自动化测试可以解决其中的主要矛盾。

⑥ 将烦琐的任务转化为自动化测试。大量重复的测试是非常烦琐的，并且需要消耗大量的人力才能够完成。自动化测试能够很好地解决这个问题，不需要烦琐的劳动，也不需要大量的人力。

⑦ 提高软件可靠性。只有经过大量测试案例测试过的版本才是可靠的，而只有使用自动化测试才能够保证在一段时间内可以完成大量的测试案例。

7.2.3　测试报告

测试报告是把测试的过程和结果写成文档，对发现的问题和缺陷进行分析，为纠正软件存在的质量问题提供依据，同时为软件的验收和交付打下基础。

测试报告是测试阶段最后的文档产出物。一份详细的测试报告包含足够的信息，包括产品质量和测试过程的评价，测试报告基于测试中的数据采集以及最终的测试结果分析。

测试报告主要包括概述、测试范围、测试人员、测试进度、测试结果、缺陷分析、测试结论，具体介绍如下。

（1）概述。介绍产品的主要业务流程、主要的适用人群或企业以及所测试的产品版本号（包括运行环境各依赖包版本、硬件环境版本）。

（2）测试范围。所测试的产品关注的测试重点、用例覆盖的功能点和关联的需求，通过绘制图表的方式直观地展现出来。

（3）测试人员。参与该产品相关工作的人员和具体负责的事项，如产品经理在该产品所测试的版本中的需求；各个研发人员在该版本中负责的功能模块；测试人员在该版本中负责的测试模块。

（4）测试进度。所测试的版本有哪些功能模块还没有进行用例覆盖测试，测试该部分还需要多长时间，评估该部分功能模块未测试且产品急需上线可能带来的风险。

（5）测试结果。测试结果包括测试数据的统计、用例执行结果统计、缺陷严重程度统计以及遗留缺陷统计等，通过绘制图表的方式直观地将这些数据结果展现出来。

（6）缺陷分析。缺陷分析包括定位缺陷产生的原因（可以通过日志、报错信息等分析原因）、缺陷的复现步骤（操作步骤）等，若出现概率性的缺陷，可以与开发人员一起排查可能出现的原因以及解决方法。最后对所测试的版本进行质量评估以及对遗留缺陷的风险进行评估。

（7）测试结论。通过前面的缺陷分析，得出所测试的版本是否满足质量标准，是否可以允许上线。

7.3　小结

本章主要介绍了不同架构对于应用的影响，以及软件移植的原理和过程，并且以华为鲲鹏系列服务器为例，介绍了应用软件移植工具的作用和功能。同时，本章还介绍了软件测试的基本概念、常用测试工具和测试报告。

7.4 习题

（1）关于 X86 架构与 ARM 架构的区别，说法正确的是（　　）。

　　A．X86 架构与 ARM 架构目前的性能相差不大

　　B．X86 架构与 ARM 架构的可扩展性相差不大

　　C．X86 架构功耗比 ARM 架构要大

　　D．X86 架构与 ARM 架构的软件开发同样方便

（2）关于软件移植流程说法错误的是（　　）。

　　A．分别用 C/C++、Java 和 Python 编写的软件移植流程是不同的

　　B．软件程序分为编译型程序和解释型程序

　　C．软件移植过程中不需要修改源代码

　　D．Java、Python 语言属于解释型语言

（3）关于鲲鹏代码迁移工具的说法错误的是（　　）。

　　A．检查用户 C/C++软件构建工程文件，并指导用户如何移植该文件

　　B．检查用户 C/C++软件构建工程文件使用的链接库，并提供可移植性信息

　　C．检查用户 C/C++软件源码，并指导用户如何移植源文件

　　D．检查用户软件中的 X86 汇编代码，并指导用户如何移植

（4）下面关于软件测试目的的说法错误的是（　　）。

　　A．测试是为了发现程序中的错误而执行程序的过程

　　B．成功的测试是发现了迄今为止尚未被发现的错误的测试

　　C．测试是为了改正程序中的错误而执行程序的过程

　　D．好的测试方案极可能发现迄今为止尚未被发现的错误

（5）下面不属于性能测试流程的是（　　）。

　　A．测试计划阶段　B．测试报告阶段　　C．测试准备阶段　　D．测试总结阶段

第 8 章
人工智能示教编程

　　大数据时代，数据运算能力成为发展智能计算平台的中坚力量。程序员利用数据开发人工智能相关程序，在大数据时代，数据的获取离不开爬虫。网络爬虫能抓取网页的数据，为智能计算的发展提供一定帮助，在爬取数据的过程中，要牢记"二十大"报告提出的"国家安全是民族复兴的根基，社会稳定是国家强盛的前提"，增强数据安全意识。本章将介绍网络爬虫的概念和应用领域，并重点讲解网络爬虫的流程，此外，还将对 Python 中常用的网络爬虫工具库和爬虫框架进行简单的介绍。

【学习目标】

① 了解爬虫的概念。
② 了解常用的 Python 爬虫工具库。
③ 了解 HTTP 请求与响应。

④ 掌握如何使用 Chrome 开发者工具、正则表达式、XPath 和 Beautiful Soup 解析网页。
⑤ 了解常用的 Python 爬虫框架。

【素质目标】

① 激发学生创新能力。
② 形成系统化思维能力。

③ 培养学生的求真求实意识。

8.1 爬虫简介

　　随着互联网的快速发展，越来越多的信息被发布到互联网上。这些信息被嵌入到各式各样的网站结构及样式中，虽然搜索引擎可以辅助人们寻找到这些信息，但其也具有局限性。通用搜索引擎的目标是尽可能覆盖全网络，无法针对特定的目的和需求进行索引。面对如今结构越来越复杂且信息含量越来越密集的数据，通用的搜索引擎无法对其进行有效的发现和获取。在这样的环境和需求的影响下，网络爬虫应运而生，它为互联网数据的应用提供了新的方法。

8.1.1　爬虫概念

网络爬虫也被称为网络蜘蛛、网络机器人，是一个自动下载网页的计算机程序或自动化脚本。网络爬虫就像一只蜘蛛一样在互联网上爬行，它以一个被称为种子集的 URL 集合为起点，沿着 URL 的丝线爬行，下载每一个 URL 指向的网页，分析页面内容，提取新的 URL 并记录每个已经爬行过的 URL，如此往复，直到 URL 队列为空或满足设定的终止条件，最终达到遍历 Web 页面的目的。

【思政拓展】

【微课视频】

网络爬虫按照其系统结构和运作原理，大致可以分为 4 种：通用网络爬虫、聚焦网络爬虫、增量式网络爬虫、深层网络爬虫。

1．通用网络爬虫

通用网络爬虫又称全网爬虫，其爬取对象由一批种子 URL 扩充至整个 Web 页面，主要被搜索引擎或大型 Web 服务提供商使用。这类爬虫的爬取范围和数量都非常大，对爬取的速度及存储空间的要求都比较高，而对于爬取页面的顺序要求比较低，通常采用并行工作的方式来应对大量的待刷新页面。

该类爬虫比较适合为搜索引擎搜索广泛的主题，常用的爬取策略包括深度优先策略和广度优先策略。

（1）深度优先策略。该策略的基本方法是按照深度由低到高的顺序，依次访问下一级网页链接，直到无法再深入为止。在完成一个爬取分支后，返回上一节点搜索其他链接，当遍历完全部链接后，爬取过程结束。这种策略比较适合垂直搜索或站内搜索，缺点是爬取层次较深的站点时会造成巨大的资源浪费。

（2）广度优先策略。该策略按照网页内容目录层次的深浅进行爬取，优先爬取较浅层次的页面。当同一层中的页面全部爬取完毕后，再深入下一层。比起深度优先策略，广度优先策略能更有效地控制页面爬取的深度，避免当遇到一个无穷深层分支时无法结束爬取的问题。该策略不需要存储大量的中间节点，但其缺点是需要较长时间才能爬取到目录层次较深的页面。

2．聚焦网络爬虫

聚焦网络爬虫又被称作主题网络爬虫，其最大的特点是只选择性地爬取与预设的主题相关的页面，极大地节省了硬件及网络资源，能更快地更新保存的页面，更好地满足特定人群对特定领域信息的需求。

按照页面内容和链接的重要性评价，聚焦网络爬虫策略可分为以下 4 种。

（1）基于内容评价的爬取策略。该策略将用户输入的查询词作为主题，包含查询词的页面被视为与主题相关的页面。其缺点为，索引条件仅包含查询词，无法评价页面与主题的相关性。

（2）基于链接结构评价的爬取策略。该种策略将半结构化文档 Web 页面用于评价链接的重要性，这类 Web 页面通常包含很多结构信息。其中，一种被广泛使用的算法为 PageRank 算法，该算法可用于排序搜索引擎信息检索中的查询结果，也可用于评价链接重要性，其每次选择 PageRank 值较大页面中的链接进行访问。

（3）基于增强学习的爬取策略。该策略将增强学习引入聚焦爬虫，利用贝叶斯分类器基于整个网页文本和链接文本来对超链接进行分类，计算每个链接的重要性，按照重要性决定链接的访问顺序。

（4）基于语境图的爬取策略。该策略通过建立语境图来学习网页之间的相关度，具体方法是，计算当前页面与相关页面的距离，优先访问距离较近页面中的链接。

3. 增量式网络爬虫

增量式网络爬虫只对已下载网页采取增量式更新，或只爬取新产生的及已经发生变化的网页，这种机制能够在某种程度上保证所爬取的页面尽可能新。与其他周期性爬取和刷新页面的网络爬虫相比，增量式网络爬虫仅在需要的时候爬取新产生或者有更新的页面，而没有变化的页面则不进行爬取，能有效地减少数据下载量并及时更新已爬取过的网页，减少时间和存储空间上的浪费，但该算法的复杂度和实现难度较高。

增量式网络爬虫需要通过重新访问网页来对本地页面进行更新，从而保持本地集中存储的页面为最新页面，常用的方法有以下 3 种。

（1）统一更新法。爬虫以相同的频率访问所有网页，不受网页本身改变频率的影响。

（2）个体更新法。爬虫根据个体网页的改变频率来决定重新访问各页面的频率。

（3）基于分类的更新法。爬虫按照网页变化频率将网页分为更新较快的网页和更新较慢的网页，并分别设定不同的频率来访问这两类网页。

为保证本地集中页面的质量，增量式网络爬虫需要对网页的重要性进行排序，常用的策略有广度优先策略和 PageRank 优先策略。其中，广度优先策略按照页面的深度层次进行排序，PageRank 优先策略按照页面的 PageRank 值进行排序。

4. 深层网络爬虫

Web 页面按照存在方式可以分为表层页面和深层页面两类。表层页面是指传统搜索引擎可以索引的页面，以超链接可以到达的静态页面为主。深层页面是指大部分内容无法通过静态链接获取，隐藏在搜索表单后的，需要用户提交关键词后才能获得的 Web 页面，如一些登录后可见的网页。深层页面中可访问的信息量为表层页面中的几百倍，其中的信息是目前互联网中发展最快和最大的新兴信息资源。

在深层网络爬虫爬取数据的过程中，最重要的部分就是表单填写，可分为以下两种类型。

（1）基于领域知识的表单填写。该方法一般会维持一个本体库，并通过语义分析来选取合适的关键词填写表单。该方法将数据表单按语义分配至各组中，对每组从多方面进行注解，并结合各组注解结果预测最终的注解标签。该方法也可以利用一个预定义的领域本体知识库来识

179

别深层页面的内容，并利用来自 Web 站点的导航模式识别自动填写表单时所需进行的路径导航。

（2）基于网页结构分析的表单填写。该方法一般不利用领域知识或仅利用有限的领域知识，其将 HTML 网页表示为 DOM 树形式，将表单区分为单属性表单和多属性表单，分别进行处理，从中提取表单各字段值。

8.1.2　应用领域

爬虫主要有以下应用领域。

（1）网站安全。如使用爬虫对网站是否存在某一漏洞进行批量验证。

（2）搜索引擎。爬虫是搜索引擎的核心组成部分。搜索引擎是一套非常庞大且精密的算法系统，对搜索的准确性、高效性等都有很高的要求。爬虫程序可以为搜索引擎系统爬取网络资源，用户可以通过搜索引擎搜索网络上所需要的一切资源。

（3）采集网络数据用于数据分析。数据分析的数据有一部分来自互联网，在对数据进行分析之前，需要使用爬虫技术采集数据，对数据进行清洗、结构化。

（4）舆情监测。整合互联网信息采集技术和信息智能处理技术，通过对互联网海量信息进行自动抓取、自动分类聚类、主题检测、专题聚焦，实现用户的网络舆情监测和新闻专题追踪等信息需求，形成简报、报告、图表等分析结果，为客户提供分析依据。

（5）聚合应用。这类应用产品本身并没有原创内容，而是通过爬虫技术采集同该行业相关的网站上的内容，再经过整理后进行展示。

8.1.3　常用爬虫工具库

Python 中整合了许多用于爬虫开发的库，使用 Python 进行爬虫开发前需要了解 Python 中常用的爬虫库以及各爬虫库的特性、功能和配置方法。目前 Python 有着形形色色与爬虫相关的库，按照库的功能分类可得表 8-1。

表 8-1　与爬虫相关的库

类型	库名	简介
通用	urllib	urllib 是 Python 内置的 HTTP 请求库，提供一系列用于操作 URL 的功能
	Requests	基于 urllib，采用 Apache License，Version 2.0 开源协议的 HTTP 库
	urllib3	urllib3 提供很多 Python 标准库里所没有的重要特性：线程安全、连接池、客户端 SSL/TLS 验证、文件分部编码上传、协助处理重复请求和 HTTP 重定位、支持压缩编码、支持 HTTP 和 SOCKS 代理、100%测试覆盖率

续表

类型	库名	简介
框架	Scrapy	Scrapy是一个为爬取网站数据、提取结构化数据而编写的应用框架，可应用在数据挖掘、信息处理或历史数据存储等一系列程序中
HTML/XML 解析器	lxml	C 语言编写的高效 HTML/XML 处理库，支持 XPath
	Beautiful Soup 4	纯 Python 实现的 HTML/XML 处理库，效率相对较低

除 Python 自带的 urllib 库外，Requests、urllib3、Scrapy、lxml 和 Beautiful Soup 4 等库都可以通过 pip 工具进行安装。pip 工具支持直接在命令行上运行，但需将 Python 安装路径下的 scripts 目录加入环境变量 Path 中。另外，pip 工具支持安装指定版本库，可以通过使用 ==、>=、<=、>、<符号来指定版本号。同时，如果有 requirements.txt 文件，也可使用 pip 工具调用。

request 模块和 parse 模块是 urllib 库中两个常用的模块。request 模块用于打开和读取 URL，parse 模块用于解析 URL。

urllib 库的 request 模块定义了在各种复杂情况下打开 URL（主要为 HTTP）的函数和类，如基本认证、摘要认证、重定向和 cookies 等。request 模块的 install_opener 函数用于安装一个 OpenerDirector 实例作为默认的全局打开器，只有在 urlopen 函数使用全局打开器时，才需要安装打开程序，否则，只需调用 OpenerDirector.open 函数而不是 urlopen 函数。代码不检查实例是否是真正的 OpenerDirector，任何具有适当接口的类都可以工作。build_opener 函数会返回一个 OpenerDirector 实例，OpenerDirector 实例按给定的顺序连接处理程序。处理程序可以是 BaseHandler 的实例，也可以是 BaseHandler 的子类。getproxies 函数用于返回一个 scheme 到代理服务器 URL 映射的字典。urllib 库的 parse 模块定义了一个标准接口，用于分解组件中的 URL 字符串（寻址方案、网络位置、路径等），将组件组合回 URL 字符串，并将相对 URL 转换为给定基本 URL 的绝对 URL。parse 模块常用函数及其说明如表 8-2 所示。

表 8-2 parse 模块常用函数及其说明

函数名称	函数说明
urlparse	用于将 URL 解析为 6 个组件。每个元组项都是一个字符串，可能为空。组件不会分解成更小的部分（例如，网络位置是单个字符串），并且%转义符不会展开
parse_qs	用于解析作为字符串参数给出的查询字符串，数据作为字典返回。字典键是唯一的查询变量名称，而值是每个名称的值列表
parse_qsl	用于解析作为字符串参数给出的查询字符串，数据以名称、值对列表的形式返回
quote	用于使用转义字符替换字符串中的特殊字符
urlencode	用于将映射对象或可能包含str或bytes对象的两个元素的元组序列转换为百分比编码的 ASCII 文本字符串

Requests 库是 Python 的一个第三方 HTTP 库，Requests 库比 Python 自带的网络库 urllib

库更加简单、方便和人性化。使用 Requests 库可以让 Python 实现访问网页并获取源代码的功能。通过 Requests 库，可以非常轻松地发送 HTTP/1.1 请求，无须手动将查询字符串添加到 URL 或对 POST 数据进行表单编码。Requests 库有以下功能特性。

（1）Keep-Alive&连接池。

（2）国际化域名和 URL。

（3）带持久 Cookie 的会话。

（4）浏览器式的 SSL 认证。

（5）自动内容解码。

（6）基本/摘要式的身份认证。

（7）优雅的键值对 Cookie。

（8）自动解压。

（9）unicode 响应体。

（10）HTTP/HTTPS 代理支持。

（11）文件分块上传。

（12）流下载。

（13）连接超时。

（14）分块请求。

（15）支持.netrc。

urllib3 是一个功能强大、条理清晰，用于 HTTP 客户端的 Python 库，许多 Python 原生系统已经开始使用 urllib3。在 urllib3 中，常用的类及其说明如表 8-3 所示。

表 8-3　urllib3 常用的类及其说明

类名称	说明
HTTPConnectionPool	主机的线程安全连接池
HTTPSConnectionPool	与 HTTPConnectionPool 相同，但使用的是 HTTPS。当使用 SSL 模块编译 Python 时，将使用 VerifiedHTTPSConnection，而不是 HTTPSConnection 来验证证书。VerifiedHTTPSConnection 使用 assert_ fingerprint、assert_hostname 或 host 中的一个来验证连接，如果 assert_hostname 为假，则不进行验证
PoolManager	允许任意请求，同时透明地记录必要的连接池
ProxyManager	行为与 PoolManager 类似，但是使用 HTTPS URL 的 CONNECT 方法通过定义的代理发送所有请求
HTTPResponse	HTTP 响应的容器，在访问数据属性时响应体需加载和解码。该类还与 Python 标准库的 IO 模块兼容，因此可以在 urllib3 的上下文中作为可读对象
Retry	重试配置。每次重试尝试都将创建一个具有更新值的新 Retry 对象
Timeout	超时设置

lxml 是一个 HTML/XML 解析器，主要的功能是解析和提取 HTML/XML 数据。lxml 库有 etree 模块、html 模块和 cssselect 模块等。

8.2 爬虫流程

网络爬虫工作时，会首先根据种子网页的 URL，形成初始的待爬取 URL 集合，然后依次读取并从互联网上下载、保存、分析和获取该网页中的新 URL 链接。对于新的 URL，根据深度、宽度和最佳优先等不同策略，将其放入待爬取的 URL 集合中。如果是基于相似度的最佳定向策略，还需要进行相似度的衡量。对于已经处理完毕的网页，将其内容存入数据库作为镜像缓存，并将 URL 地址放入已爬取的集合，以免重复。简单来说，网络爬虫需要先获取网页，再从网页的数据中提取想要的数据，并存储数据。

8.2.1 网址分析

URL 是统一资源定位符，即通常所说的网址，URL 是对可以从互联网上得到的资源位置和访问方法的一种简洁的表示，是互联网上标准资源的地址。互联网上的每个文件都有唯一的 URL，URL 包含的信息指出文件的位置以及浏览器应该怎么处理它。URL 由以下 3 个部分组成。

（1）协议，或称服务方式，目前主流的协议有 HTTP 和 HTTPS 协议。

（2）主机名，还有端口号为可选参数，HTTP 网站的默认端口号为 80，如中国医科大学的主机名是 www.cmu.edu.cn。

（3）主机资源的具体地址，如目录和文件名等。

网络爬虫根据 URL 获取网页信息，因此，URL 是爬虫获取数据的基本依据。

8.2.2 请求与响应

当客户端与服务器通过 HTTP 通信时，需要由客户端向服务器发起请求，服务器收到请求后再向客户端发送响应，响应中的状态码将显示此次通信的状态，不同类型的请求与响应通过头字段实现。通常情况下，HTTP 客户端会向服务器发起一个请求，创建一个到服务器指定端口（默认是 80 端口）的 TCP 连接。HTTP 服务器则从该端口监听客户端的请求。一旦收到请求，服务器会向客户端返回一个状态，如"HTTP/1.1 200 OK"，以及响应的内容，如请求的文件、错误消息或其他信息。HTTP 响应过程如图 8-1 所示。

【微课视频】

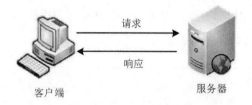

图 8-1　HTTP 响应过程

　　HTTP/1.1 协议中共定义了 8 种方法（也叫"动作"）来以不同方式操作指定的资源，如表 8-4 所示。

表 8-4　HTTP 请求方法

请求方法	方法描述
GET	请求指定的页面信息，并返回实体主体。GET 方法可能会被网络爬虫等随意访问，因此 GET 方法应该只用于读取数据，而不应当被用在产生"副作用"的操作中，如 Web Application 等会改变状态的操作
HEAD	与 GET 方法一样，它也是向服务器发出指定资源的请求，只不过服务器将不传回具体的内容。使用这个方法可以在不必传输全部内容的情况下，获取该资源的相关信息（元信息，或称元数据）
POST	向指定资源提交数据，请求服务器进行处理（如提交表单或者上传文件）。数据会包含在请求中，这个请求可能会创建新的资源或修改现有资源，或两者皆有
PUT	从客户端上传指定资源的最新内容，即更新服务器端的指定资源
DELETE	请求服务器删除标识的指定资源
TRACE	回显服务器收到的请求，主要用于测试或诊断
OPTIONS	允许客户端查看服务器端上指定资源所支持的所有 HTTP 请求方法。用"*"代替资源名称，向服务器发送 OPTIONS 请求，可以测试服务器功能是否正常
CONNECT	在 HTTP/1.1 协议中预留给能够将连接改为管道方式的代理服务器

　　方法名称是区分大小写的。当某个请求所指定的资源不支持对应的请求方法时，服务器会返回状态码 405（Method Not Allowed）；当服务器不认识或者不支持对应的请求方法时，会返回状态码 501（Not Implemented）。

　　一般情况下，HTTP 服务器至少需要实现 GET 和 HEAD 方法，其他方法为可选项。所有方法支持的实现都应当匹配方法各自的语法格式。除上述方法外，特定的 HTTP 服务器还能够扩展自定义的方法。

　　HTTP 采用请求／响应模型。客户端向服务器发送一个请求报文，请求报文包含请求的方法、URL、协议版本、请求头部和请求数据。服务器以一个状态行作为响应，响应的内容包括协议版本、响应状态、服务器信息、响应头部和响应数据。请求与响应过程如图 8-2 所示。

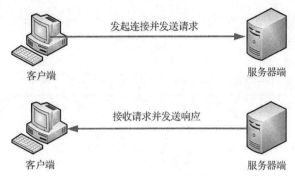

图 8-2　请求与响应过程

客户端与服务器间请求与响应的具体步骤如下。

（1）连接 Web 服务器。由一个 HTTP 客户端（通常为浏览器）发起连接，与 Web 服务器的 HTTP 端口（默认为 80 端口）建立一个 TCP 套接字连接。

（2）发送 HTTP 请求。客户端经 TCP 套接字向 Web 服务器发送一个文本格式的请求报文，请求报文由请求行、请求头部、空行和请求数据 4 部分组成。

（3）服务器接收请求并返回 HTTP 响应。Web 服务器解析请求，定位该次请求资源。之后将资源副本写进 TCP 套接字，由客户端进行读取。一个响应与一个请求对应，响应报文由状态行、响应头部、空行和响应数据 4 部分组成。

（4）释放 TCP 连接。若本次连接的 Connection 模式为 Close，则由服务器主动关闭 TCP 连接，客户端将被动关闭连接，释放 TCP 连接；若 Connection 模式为 Keep-Alive，则该连接会保持一段时间，在该时间内可以继续接收请求与回传响应。

（5）客户端解析 HTML 内容。客户端首先会对状态行进行解析，查看状态代码是否能表明该次请求是成功的；之后解析每一个响应头，响应头告知以下内容为若干字节的 HTML 文档和文档的字符集；最后由客户端读取响应数据 HTML，根据 HTML 的语法对其进行格式化，并在窗口中进行显示。

在 Python 中，常用于提供请求与响应的库有 urllib 库、Requests 库和 urllib3 库。

1. urllib

可以使用 request 模块下的 urlopen 函数打开 URL，urlopen 函数常用的参数及其说明如表 8-5 所示。

表 8-5　urlopen 函数常用的参数及其说明

参数名称	参数说明
url	统一资源定位地址，可以是一个字符串或一个 Request 对象
data	指定要发送到服务器的其他数据的对象，如果不需要这些数据，则值为 None
timeout	超时参数为阻塞操作（如连接尝试），指定超时（以 s 为单位），如果未指定，将使用全局默认超时设置。超时参数只适用于 HTTP、HTTPS 和 FTP 连接

Request 是 request 模块常用的类，Request 类是 URL 请求的抽象。Request 类的常用参数及其说明如表 8-6 所示。

表 8-6　Request 类的常用参数及其说明

参数名称	参数说明
url	包含有效 URL 的字符串
data	指定要发送到服务器的其他数据的对象，如果不需要数据，则值为 None。当前，HTTP 请求是唯一使用数据的请求，支持的对象类型包括字节、类似文件的对象和类似字节对象的可迭代对象
header	header 是一个字典，被当作 add_header()调用，每个键和值作为参数，通常用于"欺骗"服务器，该参数的值表示用户代理头文件的值，该值被浏览器用于标识自身——一些 HTTP 服务器只允许来自普通浏览器的请求，而不允许来自脚本的请求
origin_req_host	原始事务的请求主机，默认为 http.cookiejar.request_host(self)，是用户发起的原始请求的主机名或 IP 地址

2. Requests

Requests 库所有的功能都可以通过表 8-7 所示的 7 个方法访问，这 7 个方法都会返回一个 Response 对象的实例。

表 8-7　Requests 库方法

方法	说明
request	用于构造和发送请求
head	用于发送 HEAD 请求
get	用于发送 GET 请求
post	用于发送 POST 请求
put	用于发送 PUT 请求
patch	用于发送 PATCH 请求
delete	用于发送 DELETE 请求

Requests 库中的 Request 类用于准备发送到服务器的 PreparedRequest，是用户创建的 Request 对象。Response 类是响应对象，包含服务器对 HTTP 请求的响应。Response 类的主要属性及其说明如表 8-8 所示。

表 8-8　Response 类的主要属性及其说明

属性名称	说明
status_code	响应的 HTTP 状态的整数代码，如 404 或 200
headers	不区分大小写的响应标题字典
cookies	服务器返回的 Cookie 的 CookieJar
url	响应的最终 URL 位置

续表

属性名称	说明
history	Response 请求历史记录中的对象列表。任何重定向响应都将在此结束。列表以从最早的请求到最新的请求的顺序进行排序
content	响应的内容，以字节为单位
text	响应的内容，用 unicode 表示。响应内容的编码仅根据 HTTP 头确定

3. urllib3

使用 urllib3 库发出请求时，需要先实例化一个 PoolManager 对象，PoolManager 对象处理了所有连接池和线性安全的细节。urllib3 库使用 request 方法发送一个请求。HTTP 响应对象提供 status、data 和 headers 等属性。返回的 JSON 格式数据可以通过 JSON 模块加载为字典数据类型。响应返回的数据都是字节类型，对于大量的数据可以通过 stream 处理，也可以将其当作一个文件对象来处理。可以利用 ProxyManager 进行请求代理操作。

8.2.3 网页解析

通过解析网页可以获取网页包含的信息，如文本、图片、视频等，这需要爬虫具备定位网页中信息的位置并解析网页内容的功能。可通过 Chrome 开发者工具直接查看网站的页面元素、页面源码和资源详细信息，分别通过正则表达式、XPath 及 Beautiful Soup 库解析网页的内容，获取其中的元素及相关信息。

【微课视频】

1. 使用 Chrome 开发者工具查看网页

Chrome 浏览器提供了一个非常便利的开发者工具，供广大开发者使用，该工具可提供查看网页元素、查看请求资源列表、调试 JS 等功能。可以通过右键单击 Chrome 浏览器页面，在弹出的菜单中单击"检查"选项来打开该工具。如图 8-3 所示。

【微课视频】

返回(B)	Alt+向左箭头
前进(F)	Alt+向右箭头
重新加载(R)	Ctrl+R
另存为(A)...	Ctrl+S
打印(P)...	Ctrl+P
投射(C)...	
翻成中文（简体）(T)	
查看网页源代码(V)	Ctrl+U
检查(N)	Ctrl+Shift+I

图 8-3 右键"检查"选项打开 Chrome 开发者工具

也可以通过单击 Chrome 浏览器右上角的 ⋮ 按钮，单击"更多工具"→"开发者工具"

187

选项，或者使用"F12"键或"Ctrl+Shift+I"组合键来打开开发者工具。

　　Chrome 开发者工具目前包括 9 个面板，界面如图 8-4 所示，本书使用的 Chrome 版本为
64 位 69.0.3497.100，各面板的功能如表 8-9 所示。

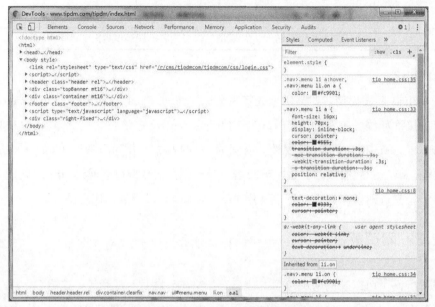

图 8-4　Chrome 开发者工具界面

表 8-9　Chrome 开发者工具各面板的功能

面板	功能
元素面板（Elements）	该面板可查看渲染页面所需的 HTML、CSS 和 DOM（Document Object Model）对象，并可实时编辑这些元素，调试页面渲染效果
控制台面板（Console）	该面板可记录各种警告与错误信息，并可作为 shell 在页面上与 JavaScript 交互
源代码面板（Sources）	该面板可设置调试 JavaScript 的断点
网络面板（Network）	该面板可查看页面请求、下载的资源文件，以及优化网页加载性能，还可查看 HTTP 的请求头、响应内容等
性能面板（Performance）	为旧版 Chrome 中的时间线面板（Timeline），该页面可展示页面加载时对所有事件花费时长的完整分析
内存面板（Memory）	为旧版 Chrome 中的分析面板（Profiles），可提供比性能面板更详细的分析，如跟踪内存泄漏等
应用面板（Application）	为旧版 Chrome 中的资源面板（Sources），该面板可检查加载的所有资源
安全面板（Security）	该面板可调试当前网页的安全和认证等问题，并确保网站上已正确地实现 HTTPS
审查面板（Audits）	该面板可对当前网页的网络利用情况、网页性能等进行诊断，并给出优化建议

对于爬虫开发来说，常用的面板为元素面板、源代码面板及网络面板。

（1）元素面板。在爬虫开发中，元素面板主要用来查看页面元素所对应的位置，如图片所在的位置或文字链接所对应的位置。从图 8-5 所示的面板左侧可看到，当前页面的结构为树状结构，单击三角符号即可展开分支。

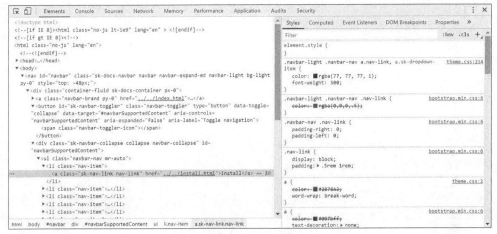

图 8-5　元素面板

（2）源代码面板。源代码面板通常用来调试 JS 代码，但对于爬虫开发而言，还有一个附带的功能，即可以查看 HTML 源码。在源代码面板的左侧展示了页面包含的文件，在左侧选择 HTML 文件，将在面板中间展示其完整代码，如图 8-6 所示。

图 8-6　源代码面板

（3）网络面板。对于爬虫开发而言，网络面板主要用于查看页面加载时读取的各项资源（如图片、HTML、JS、页面样式等）的详细信息。切换至网络面板（Network）后，需先重新加载页面，之后在资源文件名中单击"sklearn.svm.OneClassSVM.html"资源，则在面板中间将显示该资源的详细信息，如图 8-7 所示。

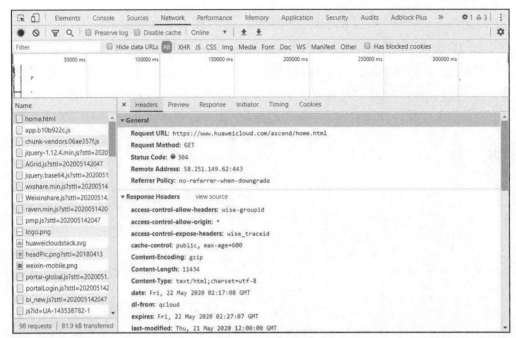

图 8-7　网络面板

根据选择的资源类型，面板中可显示不同的信息，可能包括以下标签信息。

Headers 标签页展示该资源的 HTTP 头部信息，主要包括 Request URL、Request Method、Status Code、Remote Address 等基本信息，以及 Response Headers、Request Headers 等详细消息，如图 8-8 所示。

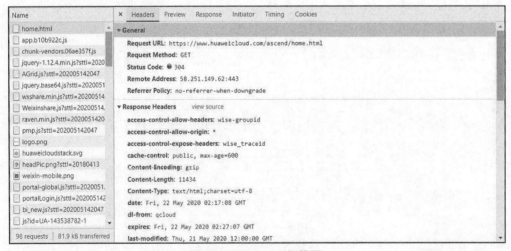

图 8-8　Headers 标签页

Preview 标签页可根据所选择的资源类型（JSON、图片、文本）来显示相应的预览，如图 8-9 所示。

图 8-9　Preview 标签页

Response 标签页可显示 HTTP 的响应信息，如图 8-10 所示，选中的"index.html"文件为 HTML 文件，将展示 HTML 代码。

图 8-10　Response 标签页

Cookies 标签页可显示资源的 HTTP 请求和响应过程中的 Cookie 信息，如图 8-11 所示。

图 8-11　Cookies 标签页

Timing 标签页可显示资源在整个请求过程中各部分花费的时间，如图 8-12 所示。

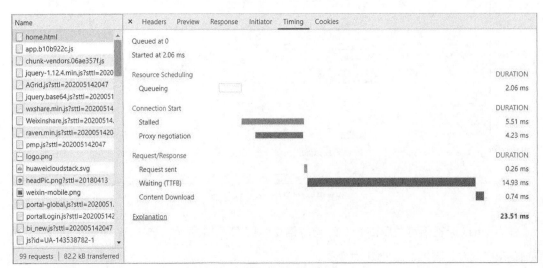

图 8-12　Timing 标签页

2. 使用正则表达式解析网页

在编写处理网页文本的程序时，经常会有查找符合某些复杂规则的字符串的需求，而正则表达式正好能满足这一需求。正则表达式（Regular Expression，Regex 或 RE），又称为正规表示法或常规表示法，常常用于检索、替换符合某个模式的文本。其主要思想为：先设置一些特殊的字及字符组合，再通过组合的"规则字符串"对表达式进行过滤，从而获取或匹配需要的特定内容。正则表达式具有灵活性、逻辑性和功能性强的特点，能迅速地通过表达式从字符串中找到所需信息的优点，但对于刚接触正则表达式的人来说，它比较晦涩难懂。

正则表达式的组件可以是单个的字符、字符集合、字符范围、字符间的内容或者所有这些组件的任意组合。

使用正则表达式匹配一些有特殊含义的字符时，必须先使字符转义，表 8-10 列出了正则表达式中的特殊字符及说明。

表 8-10　正则表达式中的特殊字符及说明

字符	说明
$	匹配输入字符串的结尾位置。如果设置了 RegExp 对象的 Multiline 属性，则"$"也匹配"\n"或"\r"。要匹配"$"字符本身，需要使用"\$"
( )	标记一个子表达式的开始和结束位置。可以获取子表达式供以后使用。要匹配"("和")"字符，需要使用"\("和"\)"
*	匹配前面的子表达式零次或多次。要匹配"*"字符，需要使用"*"
+	匹配前面的子表达式一次或多次。要匹配"+"字符，需要使用"\+"
.	匹配除换行符"\n"之外的任何单字符。要匹配"."字符，需要使用"\."
[	标记一个中括号表达式的开始。要匹配"["，需要使用"\["

续表

字符	说明
?	匹配前面的子表达式零次或一次，或指明一个非贪婪限定符。要匹配 "?" 字符，需要使用 "\?"
\	将下一个字符标记为特殊字符、原义字符、向后引用或八进制转义符。例如，"n" 匹配字符 "n"；"\n" 匹配换行符；序列 "\\" 匹配 "\"；"\(" 则匹配 "("
^	匹配输入字符串的开始位置。但当该符号在方括号表达式中使用时，表示不接受该方括号表达式中的字符集合。要匹配 "^" 字符本身，需要使用 "\^"
{	标记限定符表达式的开始。要匹配 "{"，需要使用 "\{"
|	指明两项之间的一个选择。要匹配 "|"，需要使用 "\\|"

限定符用来指定正则表达式的一个给定组件必须要出现多少次才满足匹配，常用的正则表达式限定符及其说明如表 8-11 所示。

表 8-11　常用正则表达式的限定符及说明

字符	说明
*	匹配前面的子表达式零次或多次。例如，"zo*" 能匹配 "z" 以及 "zoo"。"*" 等价于{0,}
+	匹配前面的子表达式一次或多次。例如，"zo+" 能匹配 "zo" 以及 "zoo"，但不能匹配 "z"。"+" 等价于{1,}
?	匹配前面的子表达式零次或一次。例如，"do(es)?" 可以匹配 "do"，"does" 中的 "does" 或 "doxy" 中的 "do"。"?" 等价于{0,1}
{n}	n 是一个非负整数。匹配确定的次数。例如，"o{2}" 不能匹配 "Bob" 中的 "o"，但是能匹配 "food" 中的两个 "o"
{n,}	n 是一个非负整数。至少匹配 n 次。例如，"o{2,}" 不能匹配 "Bob" 中的 "o"，但能匹配 "foooood" 中的所有 "o"。"o{1,}" 等价于 "o+"。"o{0,}" 则等价于 "o*"
{n,m}	m 和 n 均为非负整数，其中 $n<=m$，最少匹配 n 次且最多匹配 m 次

定位符能够将正则表达式固定到行首或行尾，用来描述字符串或单词的边界。正则表达式的定位符及其说明如表 8-12 所示。

表 8-12　正则表达式的定位符及说明

字符	描述
^	匹配输入字符串开始的位置。如果设置了 RegExp 对象的 Multiline 属性，"^" 还会与 "\n" 或 "\r" 之后的位置匹配
$	匹配输入字符串结尾的位置。如果设置了 RegExp 对象的 Multiline 属性，"$" 还会与 "\n" 或 "\r" 之前的位置匹配
\b	匹配一个单词边界，即字与空格间的位置
\B	非单词边界匹配

不能将限定符与定位符一起使用。若要匹配一行文本开始处的文本，需要在正则表达式的开始使用 "^" 字符。

正则表达式从左到右进行计算，并遵循优先级顺序，这与算术表达式非常类似。相同优先级从左到右进行运算，不同优先级运算先高后低。表 8-13 从上到下的顺序说明了各种正则表达式运算符从最高到最低的优先级顺序。

表 8-13　各种正则表达式运算符的优先级顺序

运算符	描述
\	转义符
()、(?:)、(?=)、[]	圆括号和方括号
*、+、?、{n}、{n,}、{n,m}	限定符
^、$、\任何元字符、任何字符	定位点和序列（即位置和顺序）
|	替换，"或"操作，字符具有高于替换运算符的优先级，使得"m|food"匹配"m"或"food"

Python 通过自带的 re 模块提供了对正则表达式的支持。使用 re 模块的步骤为，先将正则表达式的字符串编译为 Pattern 实例，然后使用 Pattern 实例处理文本并获得匹配结果（一个 Match 实例），最后使用 Match 实例获得信息，进行其他操作。re 模块中常用的方法及其说明如表 8-14 所示。

表 8-14　re 模块常用的方法及其说明

方法名称	说明
compile	将正则表达式的字符串转化为 Pattern 匹配对象
match	将输入的字符串从头开始对输入的正则表达式进行匹配，如果遇到无法匹配的字符或到达字符串末尾，则立即返回 None，否则获取匹配结果
search	将输入的整个字符串进行扫描，对输入的正则表达式进行匹配，并获取匹配结果，如果没有匹配结果，则输出 None
split	以能够匹配的字符串作为分隔符，将字符串分割后返回一个列表
findall	搜索整个字符串，返回一个包含全部能匹配的子串的列表
finditer	与 findall 方法的作用类似，以迭代器的形式返回结果
sub	使用指定内容替换字符串中匹配的每一个子串内容

re 模块中使用 compile 方法可以将正则表达式的字符串转化为 Pattern 匹配对象。compile 方法常用的参数及其说明如表 8-15 所示。

表 8-15　compile 方法常用的参数及其说明

参数名称	说明
pattern	接收 str。表示需要转换的正则表达式的字符串。无默认值
flags	接收 str。表示匹配模式，取值为运算符"|"时表示同时生效，如 re.I|re.M。默认为 0

flags 参数的可选值及其说明如表 8-16 所示。

表 8-16　flags 参数的可选值及其说明

可选值	说明
re.I	忽略大小写
re.M	多行模式，改变 "^" 和 "$" 的行为
re.S	将 "." 修改为任意匹配模式，改变 "." 的行为
re.L	表示特殊字符集 "\w、\W、\b、\B、\s、\S"，取决于当前区域设定
re.U	表示特殊字符集 "\w、\W、\b、\B、\s、\S、\d、\D"，取决于 unicode 定义的字符属性
re.X	详细模式，该模式下正则表达式可为多行，忽略空白字符并可加入注释

search 方法可对输入的整个字符串进行扫描，并对输入的正则表达式进行匹配，若无可匹配字符，则将立即返回 None，否则获取匹配结果。search 方法常用的参数及其说明如表 8-17 所示。

表 8-17　search 方法常用的参数及其说明

参数名称	说明
pattern	接收 Pattern 实例。表示转换后的正则表达式。无默认值
string	接收 str。表示输入的需要匹配的字符串。无默认值
flags	接收 str。表示匹配模式，取值为运算符 "|" 时表示同时生效，如 re.I|re.M。默认为 0

search 方法中输入的 pattern 参数需要使用 compile 方法先转换为正则表达式的字符串。

findall 方法可搜索整个 string，并返回一个包含全部能匹配的子串的列表，findall 方法常用的参数及其说明如表 8-18 所示。

表 8-18　findall 方法常用的参数及其说明

参数名称	说明
pattern	接收 Pattern 实例。表示转换后的正则表达式。无默认值
string	接收 str。表示输入的需要匹配的字符串。无默认值
flags	接收 str。表示匹配模式，取值为运算符 "|" 时表示同时生效，如 re.I|re.M。默认为 0

使用正则表达式无法很好地定位特定节点并获取其中的链接和文本内容，而使用 XPath 和 Beautiful Soup 库能较为便利地实现这个功能。

3. 使用 XPath 解析网页

XML 路径语言（XML Path Language，XPath）是一门在 XML 文档中查找信息的语言。XPath 最初被设计来搜寻 XML 文档，但是其同样适用于 HTML 文档的搜索。XPath 的选择功能十分强大，它提供了非常简洁明了的路径选择表达式，还提供了超过 100 个内置函数，用于字符串、数值、时间的匹配，以及节点、序列的处理等，几乎所有定位的节点都可以用 XPath 来选择。

（1）基本语法

使用 XPath 需要从 lxml 库中导入 etree 模块，还需要使用 HTML 类对需要匹配的 HTML 对象进行初始化。

HTML 类的常用参数及其说明如表 8-19 所示。

表 8-19　HTML 类的常用参数及其说明

参数名称	说明
text	接收 str。表示需要转换为 HTML 的字符串。无默认值
parser	接收 str。表示选择的 HTML 解析器。无默认值
base_url	接收 str。表示文档的原始 URL，用于查找外部实体的相对路径。默认为 None

使用 HTML 类将网页内容初始化，首先需要调用 HTML 类对 Requests 库请求回来的网页进行初始化，这样就成功构造了一个 XPath 解析对象。若 HTML 中的节点没有闭合，etree 模块也可提供自动补全功能。调用 tostring 方法即可输出修正后的 HTML 代码，但是结果为 bytes 类型，需要使用 decode 方法将其转成 str 类型。也可以直接从本地文件中导入 HTML 文件，先调用保存有网页内容的 HTML 文件，再将其中的内容导入并使用 HTML 类进行初始化，编码格式设为 utf-8。

etree 模块常用函数及其说明如表 8-20 所示。

表 8-20　etree 模块常用函数及其说明

函数名称	说明
fromstring	将 string 解析为 Element 或者 ElementTree
parse	将文件或 file_like 对象解析为 ElementTree（非 Element 对象），因为 parse 一般解析整篇文档，字符串解析函数一般只解析片段。其中 file 还可以是 HTTP/FTP URL，也就是说，file 应该是一个 bytes 流
XML/HTML	行为比较像 fromstring，比较直接地对 XML 和 HTML 文档进行特定解析，可以修改解析器 parser 参数。其中 parser 可以由相应的 XMLParser/HTMLParser 函数生成，可设置项有很多，不仅限于 encoding、recover、remove_blank_text、remove_comments
tostring	将一个 Element 或者 ElementTree 转换为 string 形式。这里面有几个可选参数：pretty_print 表示是否格式化以提高可读性；method 表示选择输出后的文档格式，不同的选择，做的修改也不相同，可选参数有 xml、html、text、c14n（规范化 xml）；encoding 表示输出的字符串编码格式，在无 XML 文档声明情况下默认是 ASCII，可通过 encoding 进行修改，但是如果所改编码不是 utf-8 兼容的，那么将会启用默认声明

XPath 可使用类似正则表达式的表达式来匹配 HTML 文件中的内容，常用的表达式及其说明如表 8-21 所示。

表 8-21　XPath 常用的表达式及其说明

表达式	说明
nodename	选取 nodename 节点的所有子节点
/	从当前节点选取直接子节点
//	从当前节点选取所有子孙节点
.	选取当前节点
..	选取当前节点的父节点
@	选取属性

在表 8-21 中，子节点表示当前节点的下一层节点，子孙节点表示当前节点的所有下层节点，父节点表示当前节点的上一层节点。

使用 XPath 方法进行匹配时，可按表达式查找对应位置，并输出至一个列表内。使用名称可定位 head 节点，可分别使用层级结构、名称定位 head 节点下的 title 节点。直接使用名称无法定位子孙节点的 title 节点，因为名称只能定位子节点的 head 节点或 body 节点。

可以用 XPath 通配符来选取未知的 XML 元素，XPath 通配符及其说明如表 8-22 所示。

表 8-22　XPath 通配符及其说明

通配符	说明
*	匹配任何元素
@*	匹配任何属性
node()	匹配任何类型

XPath 运算符及其说明如表 8-23 所示。

表 8-23　XPath 运算符及其说明

运算符	说明
|	计算两个节点集
+	加法
–	减法
*	乘法
div	除法
=	等于
!=	不等于
<	小于
<=	小于或等于
>	大于
>=	大于或等于

运算符	说明
or	或
and	与
mod	计算除法的余数

（2）谓语

XPath 中的谓语可用来查找某个特定的节点或包含某个指定值的节点，谓语被嵌在路径后的方括号中，常用表达式及其说明如表 8-24 所示。

表 8-24　XPath 谓语常用的表达式及其说明

表达式	说明
/html/body/div[1]	选取属于 body 子节点的第一个 div 节点
/html/body/div[last()]	选取属于 body 子节点的最后一个 div 节点
/html/body/div[last()-1]	选取属于 body 子节点的倒数第二个 div 节点
/html/body/div[position()<3]	选取属于 body 子节点的前两个 div 节点
/html/body/div[@id]	选取属于 body 子节点的带有 ID 属性的 div 节点
/html/body/div[@id="content"]	选取属于 body 子节点的 ID 属性值为 content 的 div 节点
/html /body/div[xx>10.00]	选取属于 body 子节点的 xx 元素值大于 10 的节点

使用谓语时，将表达式加入 XPath 的路径即可。

（3）功能函数

XPath 中还提供了进行模糊搜索的功能函数。当仅掌握了对象的部分特征，需要模糊搜索该类对象时，可使用功能函数实现，常用功能函数及其说明如表 8-25 所示。

表 8-25　XPath 常用的功能函数及其说明

功能函数	示例	说明
starts-with	//div[starts-with(@id,"co")]	选取 ID 值以 co 开头的 div 节点
contains	//div[contains(@id,"co")]	选取 ID 值包含 co 的 div 节点
and	//div[contains(@id,"co") and contains(@id, "en")]	选取 ID 值包含 co 和 en 的 div 节点
text	//li[contains(text(),"first")]	选取节点文本包含 first 的 li 节点

text 函数也可用于提取文本内容。定位 title 节点可以获取 title 节点内的文本内容，使用 text 函数可以提取某个单独子节点下的文本，若想提取出定位到的子节点及其子孙节点下的全部文本，则需要使用 string 方法。

4. 使用 Beautiful Soup 库解析网页

Beautiful Soup 是一个可以从 HTML 或 XML 文件中提取数据的 Python 库。它提供了一些简单的函数用来实现导航、搜索、修改分析树等功能。通过文档解析，Beautiful Soup

库可为用户提供需要抓取的数据，非常简便，仅需少量代码就可以写出一个完整的应用程序。

目前，Beautiful Soup 3 已经停止开发，大部分的爬虫选择使用 Beautiful Soup 4 进行开发。Beautiful Soup 不仅支持 Python 标准库中的 HTML 解析器，还支持一些第三方的解析器。Beautiful Soup 支持的 HTML 解析器如表 8-26 所示。

表 8-26　Beautiful Soup 支持的 HTML 解析器

解析器	语法格式	优点	缺点
Python 标准库	BeautifulSoup(markup, "html.parser")	Python 的内置标准库；执行速度适中；文档容错能力强	Python 2.7.3 或 3.2.2 前的版本文档容错能力差
lxml HTML 解析器	BeautifulSoup(markup, "lxml")	速度快；文档容错能力强	需要安装 C 语言库
lxml XML 解析器	BeautifulSoup(markup, ["lxml-xml"]) BeautifulSoup(markup, "xml")	速度快；是唯一支持 XML 的解析器	需要安装 C 语言库
html5lib	BeautifulSoup(markup, "html5lib")	容错性最强；以浏览器的方式解析文档；生成 HTML5 格式的文档；不依赖外部扩展	速度慢

（1）创建 BeautifulSoup 对象

要使用 Beautiful Soup 库解析网页，首先需要创建 BeautifulSoup 对象，通过将字符串或 HTML 文件传入 Beautiful Soup 库的构造方法可以创建一个 BeautifulSoup 对象，生成的 BeautifulSoup 对象可通过 prettify 方法进行格式化输出。prettify 方法常用的参数及其说明如表 8-27 所示。

表 8-27　prettify 方法常用的参数及其说明

参数名称	说明
encoding	接收 str。表示格式化时使用的编码。默认为 None
formatter	接收 str。表示格式化的模式。默认为 minimal，表示按最简化的格式化方法将字符串处理成有效的 HTML/XML

（2）对象类型

Beautiful Soup 库可将 HTML 文档转换成一个复杂的树形结构，结构上的每个节点都是 Python 对象，对象类型可以归纳为 4 种：Tag、NavigableString、BeautifulSoup、Comment。

Tag 对象为 HTML 文档中的标签，形如"<title>The Dormouse's story</title>"或"<p class="title"><b>The Dormouse's story</b></p>"等的 HTML 标签，再加上其包含的内容便是 Beautiful Soup 库中的 Tag 对象。

通过 Tag 名称可以很方便地在文档树中获取需要的 Tag 对象，使用 Tag 名称查找的方法只能获取文档树中第一个同名的 Tag 对象,而通过多次调用可获取某个 Tag 对象下的分支 Tag 对象。通过 find_all 方法可以获取文档树中的全部同名 Tag 对象。

Tag 对象有两个非常重要的属性：name 和 attributes。name 属性可通过 name 方法获取和修改，修改过后的 name 属性将会应用至 BeautifulSoup 对象生成的 HTML 文档。attributes 属性表示 Tag 对象标签中 HTML 文本的属性,通过 attrs 属性可获取 Tag 对象的全部 attributes 属性，返回的值为字典，修改或增加等操作方法与字典相同。

NavigableString 对象为包含在 Tag 对象中的文本字符串内容，如"<title>The Dormouse's story</title>"中的"The Dormouse's story"，可使用 string 的方法获取，NavigableString 对象无法被编辑，但可以使用 replace_with 方法进行替换。

BeautifulSoup 对象表示的是一个文档的全部内容。大部分时候,可以把它当作 Tag 对象。BeautifulSoup 对象并不是真正的 HTML 或 XML 的 Tag 对象，所以并没有 Tag 对象的 name 和 attributes 属性，但其包含了一个值为"[document]"的特殊 name 属性。

Tag 对象、NavigableString 对象、BeautifulSoup 对象几乎覆盖了 HTML 和 XML 中的所有内容，但是还有一些特殊对象。文档的注释部分是最容易与 Tag 对象中的文本字符串混淆的部分。在 Beautiful Soup 库中，会将文档的注释部分识别为 Comment 类型，Comment 对象是一个特殊类型的 NavigableString 对象，但是当其出现在 HTML 文档中时，Comment 对象会使用特殊的格式输出，需调用 prettify 函数获取节点的 Comment 对象并输出内容。

（3）搜索特定节点并获取其中的链接及文本

Beautiful Soup 库中定义了很多搜索方法，其中常用的有 find 方法和 find_all 方法，两者的参数一致，区别为 find_all 方法的返回结果是只包含一个元素的列表，而 find 方法返回的直接是结果。find_all 方法可用于搜索文档树中的 Tag 对象，非常方便。

find_all 方法常用的参数及其说明如表 8-28 所示。

表 8-28 find_all 方法常用的参数及其说明

参数名称	说明
name	接收 str。表示查找所有名字为 name 的 Tag 对象，字符串对象会被自动忽略，搜索 name 参数的值时可以使用任一类型的过滤器，如字符串、正则表达式、列表、方法或 True。默认值为 None
attrs	接收 str。表示查找符合 CSS 类名的 Tag 对象，使用 class 做参数会导致语法错误，从 Beautiful Soup 库的 4.1.1 版本开始，可以通过 class 参数搜索有指定 CSS 类名的 Tag 对象。默认为空
recursive	接收 Built-in。表示是否检索当前 Tag 对象的所有子孙节点。默认为 True，若只想搜索 Tag 对象的直接子节点，可将该参数设为 False
string	接收 str。表示搜索文档中能够匹配传入的字符串的内容，与 name 参数的可选值一样，string 参数也接收多种过滤器。无默认值
**kwargs	若一个指定名字的参数不是搜索内置的参数名,搜索时会把该参数当作指定名字的 Tag 对象的属性来搜索

find_all 方法可通过多种方式遍历搜索文档树中符合条件的所有子节点。

（1）可通过 name 参数搜索同名的全部子节点，并接收多种过滤器。

（2）按照 CSS 类名可模糊匹配或完全匹配。完全匹配 class 的值时，如果 CSS 类名的顺序与实际不符，将搜索不到结果。

（3）若 Tag 对象的 class 属性是多值属性，可以分别搜索 Tag 对象中的每个 CSS 类名。

（4）可通过字符串内容搜索符合条件的全部子节点，可使用过滤器操作。

（5）可通过传入的关键字参数搜索匹配关键字的子节点。

使用 find_all 方法搜索到指定节点后，使用 get 方法可获取列表中的节点所包含的链接，而使用 get_text 方法可获取其中的文本内容。

8.2.4 数据入库

爬虫通过解析网页获取页面中的数据后，还需要将获得的数据存储下来以供后续分析。使用 JSON 模块能够将获取的文本内容存储为 JSON 文件，使用 PyMySQL 库能够将获取的结构化数据存入 MySQL 数据库，使用 PyMongo 库能够将非结构化数据存入 MongoDB 数　据库。

【微课视频】

1. 将数据存储为 JSON 文件

JSON 文件的操作在 Python 中分为解码和编码两种，都通过 JSON 模块实现。其中，编码过程为将 Python 对象转换为 JSON 对象的过程，而解码则相反，是将 JSON 对象转换为 Python 对象。

将数据存储为 JSON 文件的过程为编码过程，编码过程常用 dump 函数和 dumps 函数。两者的区别在于，dump 函数将 Python 对象转换为 JSON 对象，并通过 fp 文件流将 JSON 对象写入文件内，而 dumps 函数则生成一个字符串。

dump 函数和 dumps 函数常用的参数及其说明如表 8-29 所示，将数据存储为 JSON 文件时主要使用的是 dump 函数。

表 8-29　dump 函数和 dumps 函数常用的参数及其说明

参数名称	说明
skipkeys	接收 Built-in。表示是否跳过非 Python 基本类型的 key，若 dict 的 keys 内的数据为非 Python 基本类型，即不是 str、unicode、int、long、float、bool、None 等类型，则设置该参数为 False 时，会报 TypeError 错误。默认值为 False，设置为 True 时，跳过此类 key
ensure_ascii	接收 Built-in。表示显示格式，若 dict 内含有非 ASCII 的字符，则会以类似 "\uXXX" 的格式显示。默认值为 True，设置为 False 后，将会正常显示
indent	接收 int。表示显示的行数，若为 0 或为 None，则在一行内显示数据，否则将会换行显示数据且按照 indent 的数量显示前面的空白，同时将 JSON 内容格式化显示。默认为 None

续表

参数名称	说明
separators	接收 str。表示分隔符，实际上为（item_separator,dict_separator）的一个元组，当 indent 为 None 时，默认取值为(',',':')，表示 dictionary 内的 keys 之间用","隔开，而 key 和 value 之间用"："隔开。默认为 None
encoding	接收 str。表示设置的 JSON 数据的编码形式，处理中文时需要注意此参数的值。默认为 utf-8
sort_keys	接收 Built-in。表示是否根据 keys 的值进行排序。默认为 False，为 True 时数据将根据 keys 的值进行排序

写入文件时需要先序列化 Python 对象，否则会报错。

2．将数据存入 MySQL 数据库

PyMySQL 与 MySQLdb 都是 Python 中用来操作 MySQL 的库，两者的使用方法基本一致，唯一的区别在于，PyMySQL 支持 Python 3.X 版本，而 MySQLdb 暂不支持。

PyMySQL 库使用 connect 函数连接数据库。connect 函数有很多参数可供使用，常用的参数及其说明如表 8-30 所示。

表 8-30　connect 函数常用的参数及其说明

参数名称	说明
host	接收 str。表示数据库地址，本机地址通常为 127.0.0.1。默认为 None
port	接收 str。表示数据库端口，通常为 3306。默认为 0
user	接收 str。数据库用户名，管理员用户为 root。默认为 None
passwd	接收 str。表示数据库密码。默认为 None
db	接收 str。表示数据库库名。无默认值
charset	接收 str。表示插入数据库时的编码。默认为 None
connect_timeout	接收 int。表示连接超时时间，以 s 为单位。默认为 10
use_unicode	接收 str。表示结果以 unicode 字符串的格式返回。默认为 None

使用 connect 函数时可以不加参数名，但参数的位置需要对应，分别是主机、用户、密码和初始连接的数据库名，且不能互换位置，通常更推荐带参数名的连接方式。

PyMySQL 库中可以使用函数返回的连接对象 connect 进行操作，常用的函数及其说明如表 8-31 所示。

表 8-31　常用的 connect 对象操作的函数及其说明

函数	说明
commit	提交事务。对支持事务的数据库或表，若提交修改操作后不使用该方法，则修改结果不会写入数据库中
rollback	事务回滚。在没有 commit 函数的前提下，执行此方法时，回滚当前事务
cursor	创建一个游标对象。所有 SQL 语句的执行都需要在游标对象下进行

在 Python 操作数据库的过程中，主要使用 pymysql.connect.cursor 方法获取游标，或使用 pymysql.cursor.execute 方法对数据库进行操作，如创建数据库及数据表等，通常使用更多的为增、删、改、查等基本操作。

游标对象也提供了很多种方法，常用的方法如表 8-32 所示。

表 8-32 游标对象常用的方法

方法	语法格式	说明
close	cursor.close()	关闭游标
execute	cursor.execute(sql)	执行 SQL 语句
excutemany	cursor.excutemany(sql)	执行多条 SQL 语句
fetchone	cursor.fetchone()	获取执行结果中的第一条记录
fetchmany	cursor.fetchmany(n)	获取执行结果中的 n 条记录
fetchall	cursor.fetchall()	获取执行结果的全部记录
scroll	cursor.scroll()	用于游标滚动

游标对象的创建是基于连接对象的，创建游标对象后即可通过语句对数据库进行增、删、改、查等操作。

3. 将数据存入 MongoDB 数据库

MongoDB 是目前最流行的 NoSQL 数据库之一，使用的数据类型是 BSON（类似于 JSON）。使用 Python 操作 MongoDB 需要使用一个第三方库——PyMongo。安装这个库与安装 Python 其他的第三方库一样，使用 pip 工具安装即可。

使用 PyMongo 创建数据库需要使用 MongoClient 对象，其可以指定连接的 URL 地址和需要创建的数据库名。在 MongoDB 中，数据库只有在内容插入后才会创建，即执行数据库创建操作后要创建集合（数据表）并插入一个文档（记录），数据库才会真正创建。MongoClient 对象的 test_database 属性可以访问数据库，若无法使用属性样式访问数据库，则可以使用字典样式访问。

一个集合是一组存储在 MongoDB 中的文档，可以使用数据库对象的 test_collection 属性获取集合，也可以通过字典样式获取。在 PyMongo 库中，对 MongoDB 数据库集合的常用操作和对应的方法如表 8-33 所示。

表 8-33 对 MongoDB 数据库集合的常用操作和对应的方法

操作类型	方法名称	说明
增加记录	insert_one	可以使用 insert_one 方法插入文档，该方法返回 InsertOneResult 对象，InsertOneResult 对象包含 inserted_id 属性，是插入文档的 ID 值
	insert_many	在集合中插入多个文档，该方法返回 InsertManyResult 对象，InsertManyResult 对象包含 inserted_ids 属性，inserted_ids 属性保存所有插入文档的 ID 值

续表

操作类型	方法名称	说明
删除记录	delete_one	删除一个文档
	delete_many	删除多个文档。如果传入的是一个空的查询对象，那么会删除集合的所有文档
	drop	删除一个集合
修改记录	update_one	修改文档中的记录，但只能修改匹配到的第一条记录
	update_many	修改所有匹配到的记录
查询记录	find_one	查询集合中的一条数据
	find	查询集合中的所有数据，可以查询指定字段的数据或根据指定条件查询数据

8.3 爬虫框架

通过上述爬虫流程可知，网络爬虫是模拟用户访问网站，通过处理和提取得到的网页内容，实现对图片、文字等资源获取的一种计算机程序或自动化脚本。Python 作为一种扩展性高的语言，有丰富的获取网页内容、处理提取网页内容的爬虫框架，是目前主流的网络爬虫实现技术。

【微课视频】

爬虫框架主要是将一些常见的功能代码、业务逻辑等进行封装，从而使开发人员能够以更高的效率开发出对应的爬虫项目。在深入了解一种爬虫框架后，也能更好地了解其他的爬虫框架。大部分爬虫框架实现的基本方式大同小异，常用的爬虫框架如下。

1. Scrapy 框架

Scrapy 是一个为了爬取网站数据、提取结构性数据而编写出的应用程序框架，可以应用在包括数据挖掘、信息处理或历史数据存储等在内的一系列程序中。其最初是为了网页抓取（网络抓取）所设计的，也可以应用于获取 API 所返回的数据（如 Amazon Associates Web Services）或通用的网络爬虫中。

Scrapy 是一个爬虫框架而非功能函数库，简而言之，它是一个半成品，可以帮助用户简单快速地部署一个专业的网络爬虫工具。Scrapy 爬虫框架主要由引擎（Engine）、调度器（Scheduler）、下载器（Downloader）、爬取器（Spiders）、项目管道（Item Pipelines）、下载器中间件（Downloader Middlewares）、Spider 中间件（Spider Middlewares）这 7 个组件构成，每个组件具有不同的分工与功能，各组件作用如下。

（1）引擎（Engine）。引擎负责控制数据流在系统所有组件中的流向，并能在不同的条件下触发相对应的事件。这个组件相当于爬虫的"大脑"，是整个爬虫的调度中心。

（2）调度器（Scheduler）。调度器从引擎接收请求并将它们加入队列，以便之后引擎需要它们时提供给引擎。初始爬取的 URL 和后续在网页中获取的待爬取的 URL 都将被放入调度器中等待爬取，同时调度器会自动去除重复的 URL。特定的 URL 不需要去重也可以通过设置实现定制化，如 POST 请求的 URL。

（3）下载器（Downloader）。下载器的主要功能是获取网页内容，并将其提供给引擎和 Spiders。

（4）爬取器（Spiders）。Spiders 是 Scrapy 用户编写的用于分析响应，并提取 Items 或额外跟进的 URL 的一个类。每个 Spiders 实例负责处理一个（一些）特定网站。

（5）项目管道（Item Pipelines）。项目管道的主要功能是处理被 Spiders 提取出来的 Items。典型的处理有清理、验证及持久化（如存取到数据库中）。当网页中被爬虫解析的数据存入 Items 后，数据将被发送到 Item Pipelines，并经过几个特定的数据处理工序，最后存入本地文件或数据库。

（6）下载器中间件（Downloader Middlewares）。下载器中间件是一组在引擎及下载器之间的特定钩子（Specific Hook），主要功能是处理下载器传递给引擎的响应（Response）。下载器中间件提供了一个简便的机制，可通过插入自定义代码来扩展 Scrapy 的功能。通过设置下载器中间件可以实现爬虫自动更换 User-Agent、IP 等功能。

（7）Spider 中间件（Spider Middlewares）。Spider 中间件是一组在引擎及 Spiders 之间的特定钩子，主要功能是处理 Spiders 的输入（响应）和输出（Items 及请求）。Spider 中间件提供了一个简便的机制，可通过插入自定义代码来扩展 Scrapy 的功能。

上述各组件之间的数据流向如图 8-13 所示。

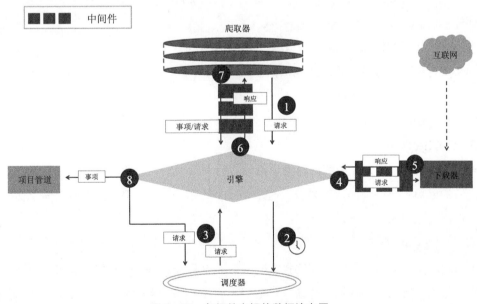

图 8-13　各组件之间的数据流向图

数据流在 Scrapy 中由执行引擎控制，数据流运作的基本步骤如下。

（1）引擎（Engine）打开一个网站，找到处理该网站的 Spiders，并向该 Spiders 请求第一个要爬取的 URL。

（2）引擎将爬取请求转发给调度器（Scheduler），调度器指挥进行下一步。

（3）引擎向调度器获取下一个要爬取的请求。

（4）调度器返回下一个要爬取的 URL 给引擎，引擎将 URL 通过下载器中间件（请求方向）转发给下载器（Downloader）。

（5）当网页下载完毕时，下载器会生成一个该网页的响应，并将其通过下载器中间件（返回响应方向）发送给引擎。

（6）引擎从下载器中接收到响应并通过 Spiders 中间件（输入方向）发送给 Spiders 处理。

（7）Spiders 处理响应并返回爬取到的 Items 及发送新的请求给引擎。

（8）引擎将爬取到的 Items（Spiders 返回的）发送给 Item Pipelines，将请求（Spiders 返回的）发送给调度器。

（9）重复第（2）步，直到调度器中没有更多的 URL 请求，引擎关闭该网站。

2. Crawley 框架

Crawley 也是使用 Python 开发出来的一款爬虫框架，该框架致力于改变人们从互联网中提取数据的方式，可以更高效地从互联网中爬取对应内容。

Crawley 框架的主要特点如下。

（1）高速地爬取对应网页的内容。

（2）可以将爬取到的内容轻松地存储到关系型数据库中，如 Postgres、MySQL、Oracle 等数据库。

（3）可以将爬取的数据导出为 JSON、XML 等格式。

（4）支持非关系型数据库，如 MongoDB、CouchDB 等。

（5）支持使用命令行工具。

（6）支持使用 Cookie 登录，并访问那些只有登录后才能够访问的网页。

3. Portia 框架

Portia 框架是一款允许没有任何编程基础的用户可视化地爬取网页的爬虫框架。只需给出要爬取的网页中感兴趣的数据内容，通过 Portia 框架，就可以将所要爬取的信息从相似的网页中自动提取出来。

4. PySpider 框架

PySpider 是由国内开发者编写的强大的网络爬虫系统。PySpider 采用 Python 语言编写，为分布式架构，支持多种数据库后端，具有强大的 WebUI，支持脚本编辑器、任务监视器、项目管理器和结果查看器。

PySpider 的具体特性如下。

（1）使用 Web 界面编写调试脚本、监控执行状态、查看活动历史、获取结果产出。

（2）支持 MySQL、MongoDB、Redis、SQLite、PostgreSQL 和 SQLAlchemy。

（3）支持 RabbitMQ、Beanstalk、Redis 和 Kombu 作为消息队列。

（4）支持抓取 JavaScript 页面。

（5）强大的调度控制，支持超时重爬及优先级设置。

（6）组件可替换，支持单机部署或分布式部署，并支持 Docker 部署。

PySpider 的架构图如图 8-14 所示。

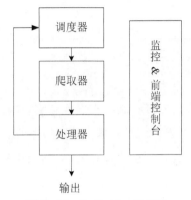

图 8-14　PySpider 架构图

PySpider 框架组件之间通过消息队列进行连接，各组件运行在各自所属的进程或线程之中，并且是可以替换的。这意味着，当处理速度缓慢时，可以通过启动多个Processor 实例来充分利用多核 CPU 以提高效率，或者进行分布式部署来提高效率。各组件概述如下。

（1）调度器（schedule）。调度器从 Processor 实例返回的新任务队列中接收任务，并判断是新任务还是需要重新爬取的任务。其通过优先级对任务进行分类，并且利用令牌桶算法将任务发送给爬取器，处理周期任务、丢失的任务和失败的任务，并且在稍后重试未运行成功的任务。需要注意的是，在当前的调度器实现中，只允许一个调度器运行。

（2）爬取器（fetcher）。fetcher 的职责是获取 Web 页面然后把结果发送给 Processor。可以设置请求 method、headers、cookie、proxy 和 etag 等的抓取调度控制。

（3）处理器（processors）。处理器的职责是运行用户编写的脚本，解析和提取信息。脚本在无限制的环境中运行，有各种各样的工具（如 PyQuery、XPath 和 Beautiful Soup）可以提取信息和连接，用户可以使用任何想使用的方法来处理响应。处理器会捕捉异常和记录日志，发送状态（任务跟踪）和新的任务给调度器，发送结果给 Result Worker（结果处理器）。PySpider 有一个内置的结果处理器将数据保存至 resultdb，可以根据需要重写结果处理器以处理结果。

（4）监控&前端控制台（Web UI）。Web UI 是一个面向内容的 Web 前端。Web UI 包括脚本编辑器、脚本调试器、项目管理器、任务监控程序和结果查看器。

PySpider 框架的任务执行流程逻辑比较清晰。当单击 Web UI 上的 Run 按钮时，每个脚本都有一个名为 on_start 的回调。on_start 产生的新任务将会提交给调度器作为项目的入口。调度程序使用一个数据 URL 将这个 on_start 任务分派为要获取的普通任务。爬取器会发出一个请求和一个响应，然后送给处理器。处理器调用 on_start 方法并生成一些要抓取的新 URL。处理器向调度程序发送一条消息，说明此任务已完成，并通过消息队列将新任务发送给调度程序，调度程序接收新任务，在数据库中查找，确定任务是新的任务还是需要重新抓取的任务，若是新任务，则将新任务放入任务队列，按顺序分派任务。调度程序将检查定期运行的任务，以抓取最新数据。

8.4　小结

本章介绍了网络爬虫的概念和应用领域，还重点介绍了网络爬虫的流程，包括网址分析、请求与响应、网页解析和数据入库。同时，本章还简单介绍了 Python 常用的爬虫工具和爬虫框架，包括 urllib 库、Requests 库、Scrapy 框架、Crawley 框架等。

8.5　习题

（1）下列不属于常见爬虫类型的是（　　　）。

　　A．通用网络爬虫　　　　　　　　　　B．增量式网络爬虫

　　C．浅层网络爬虫　　　　　　　　　　D．聚焦网络爬虫

（2）下列不属于聚焦网络爬虫的常用策略的是（　　　）。

　　A．基于深度优先的爬取策略　　　　　B．基于内容评价的爬取策略

　　C．基于链接结构评价的爬取策略　　　D．基于语境图的爬取策略

（3）下列关于 Python 爬虫库的功能，描述不正确的是（　　　）。

　　A．通用爬虫库——urllib3　　　　　　B．通用爬虫库——Requests

　　C．爬虫框架——Scrapy　　　　　　　D．HTML/XML 解析器——pycurl

（4）下列关于 Chrome 开发者工具的描述错误的是（　　　）。

　　A．元素面板可查看元素在页面的对应位置　B．源代码面板可查看 HTML 源码

　　C．网络面板无法查看 HTML 源码　　　D．网络面板可查看 HTTP 头部信息

（5）下列不属于 Scrapy 框架的基本组成部分的是（　　　）。

　　A．引擎与调度器　　B．下载器与 Spiders　　C．Item Pipelines　　D．解析中间件